JN050712

大木健司 著

電気工事、マジわからんと思ったときに読む本

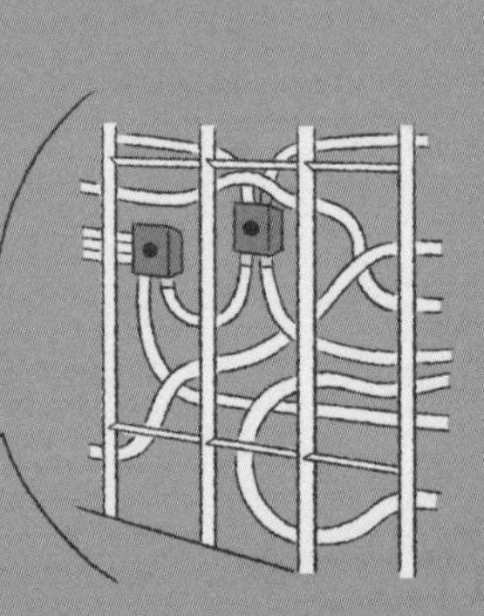

はじめに

電気を使えない建物を想像してみましょう。部屋には照明がないので夜になれば真っ暗です。もちろんコンセントだってありません。エアコンも使用できないので夏・冬は快適な環境とはいえません。生活に欠かせなくなったスマートフォンの充電だってできないのです。現代を生きる私たちの感覚からすると、このような建物を住宅と呼べるでしょうか。

私たちが当たり前と思っている生活には、電気とそれを使うための電気設備が不可欠です。電気設備のない建物は雨風をしのぐための箱にすぎないのです。

この「箱」を皆さんが普段どおりに生活できる「建物」へと生まれ変わらせるために必要な電気設備導入の工事を担っているのが**電気工事業**です。

電気工事業に従事している人から「初めて自分が施工した建物に明かりがともった瞬間の感動を忘れられない」というエピソードをよく聞きます。電気のない場所へ電気を届け、暗闇に明かりをともす。普段の当たり前を支えている魅力のある仕事なのです。

しかし、住宅やビルといった身近な建物で実施されている電気工事の仕事は、何となく想像できても具体的に何をしているのか知らないケースのほうが多いかもしれません。

電気工事は、建築工事の進捗に合わせて必要な時期に必要な工事を行わなくてはなりません。そのためには他業種の人たちと密接に協力しながら仕事を進める必要があります。スムーズに作業を進めるうえで重要になるのが、各工程で発生する作業内容を熟知することです。そのためには実際に現場で建物の**着工**(工事を始めること)から**竣工**(工事完成後に所有者へ引き渡すこと)までの電気工事を実際に行って体で覚える必要があります。とはいえ建物の完成までには数年かかることも珍しくないため「数をこなす」にも時間を要します。だからこそ初心者にとって電気工事の仕事が「マジ、わからん」と感じるのかもしれません。

こうした悩みを抱えているのは新人電工や電気工事業へ入職を考えている人だけではありません。工事会社に**電設資材**を販売しているメーカー、商社も、自分たちの扱う商品が電気工事においてどのように使用されているかを知ることで、現場に寄り添った提案ができるようになるのではないでしょうか。

本書では鉄筋コンクリート造(RC造)のビルの着工から竣工、引渡しまでに電気工事業がどのような仕事を行っているのかを学びます。

2024年6月

大 木 健 司

本書のポイント

- ビルが完成するまでの電気工事士の仕事内容が把握できます。
- 覚えると仕事の理解が進むキーワードにアンダーライン!
- 文系の方でも読み進められます。
- メーカーの営業担当者にもおすすめ。
- 他業種と連携する仕事の中身も学べます。

CONTENTS

Chapter 3 基礎工事における電気工事の仕事

Chapter 4 躯体工事における電気工事の仕事

Chapter 5 その他の工事と竣工検査における電気工事の仕事

Chapter 6 他業種の仕事も押さえよう

Chapter

1 電気工事業とは何だろう?

「電気工事を家電量販店が行っている」と思っている人は、意外と多いのかもしれません（最近は家電量販店が工事に携わるケースも増えていますが……）。これから解説する仕事の内容がいわゆる「電気工事業の仕事」です。まずは、建設業における電気工事業の位置づけを確認します。そして電気工事業のなかでも仕事内容の違いがあることを学んでいきましょう。

電気工事業は建設業

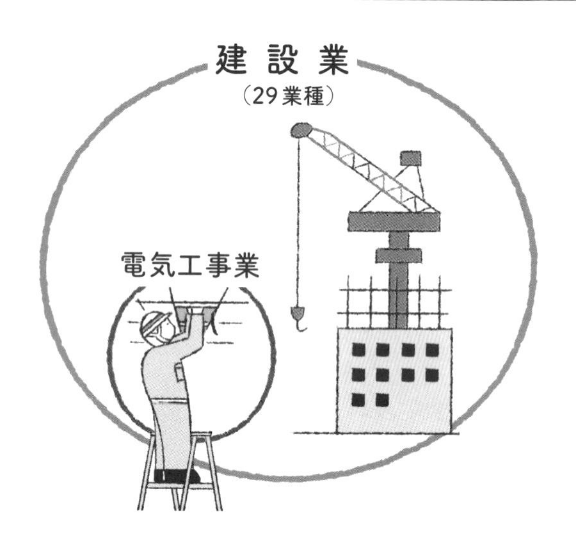

電気工事業とは……

ビルや工場、住宅などの建設に携わる仕事を**建設業**といいます（許可業種は29に分類されます）。建設業のなかで電気工事に携わる仕事を**電気工事業**といいます。電気工事は、電気を建物の隅々まで届ける配電盤、電灯、配線用器具（スイッチ、コンセント）、動力機器（モーター）などの電気工作物の設置を行う仕事を指します。そして、電気工事は引込み工事に始まり、照明設備、変電設備、構内電気設備（非常用電気設備を含む）などの工事を行います。また、鉄道関係では電車線、信号設備といった特殊な設備の工事を手がける会社もあります。

　このように電気工事には、ひと言では言い表せないほどさまざまな仕事や働き方が存在します。また、一般的に電気工事業の仕事と思われがちな冷暖房設備工事は、実際は管工事に該当するなど、現場で働いてみるとイメージと異なるケースもあるでしょう。

建設業では、他業種が集まって知恵と力を合わせて1つの建物を完成に導きます。一緒に働く仲間たちの仕事を理解することが業務をマスターするうえで重要になるので、積極的にコミュニケーションを取って良好な人間関係を築くことがポイントになります。

そこで大切なのが挨拶です。たとえ話題がなくても、挨拶であれば誰とでもコミュニケーションが取れるので、基本的なことですが徹底しましょう。

挨拶は、相手を尊重する心構えの表れです。初対面でも、きちんと挨拶を交わせば、その後に打ち解けた会話へとスムーズに移行することができます。一方で、挨拶もそこそこに突然用件を切り出されれば、相手は不快な思いを抱くことでしょう。人間どうしのコミュニケーションにおいて、挨拶は潤滑油の役割を果たすのです。

工事が計画通りに進まない背景には、人間関係のトラブルが潜んでいることが少なくありません。しかし、日頃から挨拶を心がけ、他業種の作業員とも顔なじみの関係を作っておけば、状況に応じた適切な協議がしやすくなります。お互いを尊重し合う姿勢が協調性を生み、結果としてスムーズな工事の進行につながるのです。

こうした小さな心遣いの積み重ねが、大規模な建設プロジェクトの成功を左右します。一人一人が、挨拶の大切さを認識し実践することが何より重要なのです。良好な人間関係を基盤とした、円滑な工事の進行を目指しましょう。

2 ひと言で電気工事といっても……

現場内での職種の役割

電気工事業者を現場内の役割で分類すると、大きく**施工管理**(**監督者**)と**施工**(技能者)に分類できます。

施工管理は現場の監督者が所属する会社が業務を担います。業務内容は、主に電気工事の工程管理、コスト管理、品質管理、安全管理、資材の発注を行います。

一方、施工者は監督者が所属する会社以外にも業務を委託された**協力会社**などから派遣されることがあります。施工者は主にケーブルや配線の敷設、設備器具の取付け工事などの実作業を行います。

電気工事の業務は、施工者と監督者の現場部隊のほかに営業や

積算(工事全体の費用)・**見積り**(積算＋利益)の算出、図面作成など、さまざまな部門に分かれており、完成に向けて力を合わせて業務が行われます。

電気工事業者は会社によって住宅、工場、ビル、電車線設備、送配電設備、道路用電気設備など、得意とする分野が異なります。さらに新築、メンテナンス、リニューアルなど、工事の種類も異なります。また、これらを複合的に得意とする会社もあります。そのため電気工事業者と一言でいっても、その実態は多種多様です。そして、**元請け**(発注者から直接に仕事を請け負い、施工を管理・発注する業者)、施工会社(**下請け**)など立場によっても仕事内容が変わります。

まず、押さえてほしいのは、電気工事は工事を行う対象によって大きく**内線工事**と**外線工事**に分類できることです。

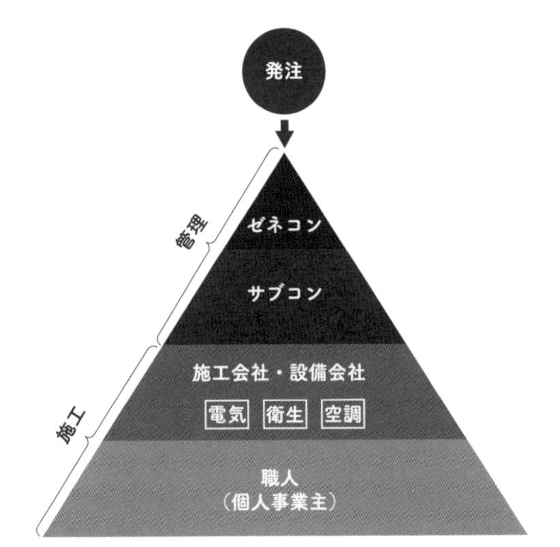

※施工会社が複数入って、下請け構造が重層化する場合もある

▲ゼネコン、サブコン、下請けの関係性

内線工事と外線工事の違い

内線工事

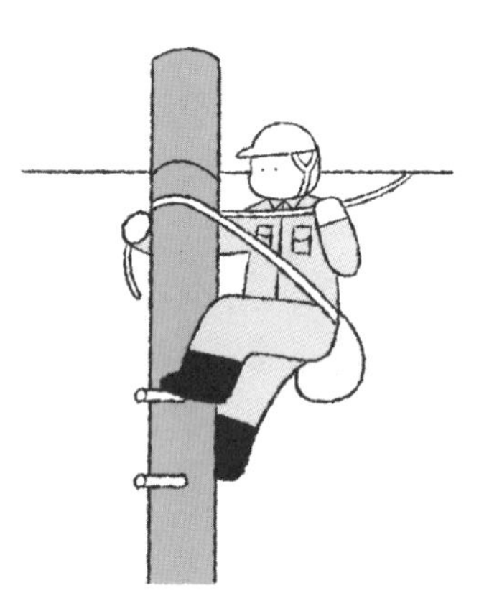
外線工事

電気工事を大きくとらえると……

電気工事は大きく**内線工事**と**外線工事**に分類できます。内線工事は建物の中の電気工事、外線工事は建物の外の電気工事であろうと予想できると思います。

内線工事は、主に建物とそれに付帯する電気工事や、**需要家**(電気を使うために電力会社から電気を購入する人や法人など)構内の電気設備の工事を指します。具体的には、コンセントやスイッチ、照明器具の取付けや配管、配線、受変電設備の据付け、ケーブル接続などが挙げられます。想像しやすいところでは、住宅やオフィスビル、商業施設などの電気設備の工事で、建物利用者の安全で快適な電気の利用を目的としています。

一方、外線工事は、建物の外部や建物敷地外で行われる工事を指し、電力会社の送配電網の構築およびメンテナンスなどが該当します。具体的には、送配電線の敷設、その支持物である鉄塔や電柱の設置、需要家への配電線の引込み、配電用変圧器の設置などがあり、電力の安定供給と管理が主な目的です。

と説明をしても初心者の方にはイメージしにくいかもしれません。まずは、内線工事とは「建物にかかわる電気工事」。外線工事は「送配電線路にかかわる電気工事」と理解しましょう。

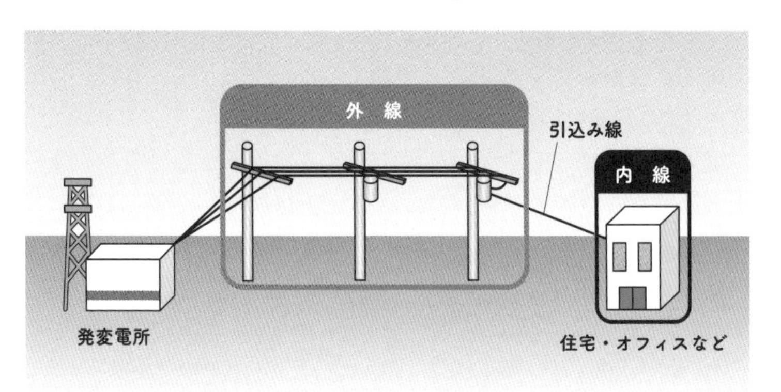

▲ 内線と外線の範囲

内線工事と外線工事のすべてを1冊の書籍で説明することはできません。そこで本書では、内線工事を対象としてかつ**RC造**(鉄筋コンクリート造)のビルにおける電気工事を工程に沿って学んでいくことにしましょう。

法規を遵守（じゅんしゅ）しよう

電気工事は法的、公的な根拠に基づいて工事を行う必要があります。その基準となっている代表的なものが『**電気設備の技術基準の解釈(電技・解釈)**』です。『電技・解釈』は「電気設備に関する技術基準を定める省令」で定められた技術的要件が具体的に解説されています。

しかし、『電技・解釈』だけでは、判断が難しいようなケースもあります。そこで、より具体的な工事方法を示したものが民間自主規格の『**内線規程**』になります。『電技・解釈』は、最低限守るべきラインを示しているのに対して『内線規程』では、より安全性を加味した条件が設定されています。そのため民間自主規格であっても電気工事を行ううえでの根拠でありバイブルともなっているのです。

内線規程は内線工事のうち、主に低圧電路に関する民間自主規格です。電気工事は、技術の進歩とともに基準も日々、進化しています。それに伴い『電技・解釈』は改正が、『内線規程』は改訂が行われています。

電気工事士は、安全かつ高品質な仕事を行うために自身のスキルだけでなく最新の法律などに対応し続けることが重要です。

▲ 内線規程

▲ 電気設備の技術基準の解釈

電気工事と資格

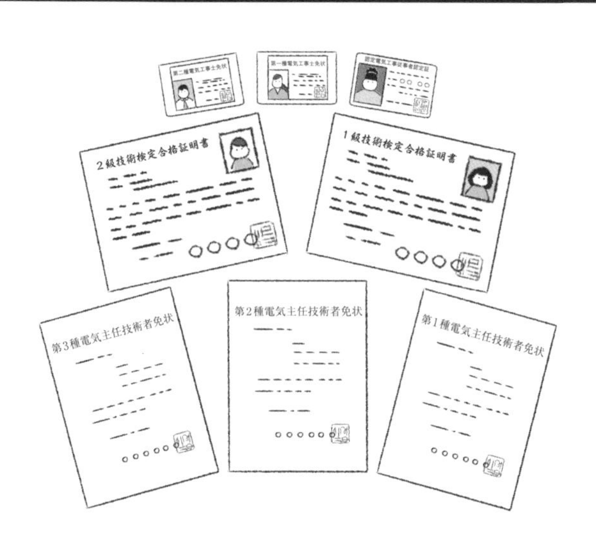

資格とキャリア

電気工事を行うには、種々の資格を取得し、さまざまな講習を受講する必要があります。電気工事業におけるスキル・キャリアアップは、資格取得と密接に関連しています。そこで、必要な資格の概要と資格取得に向けたロードマップを紹介していきましょう。

電気工事に必要な資格

〈電気工事士（第二種、第一種）〉

電気工事士には、第二種と第一種の2つの資格があります。資格を取得するには学科試験と技能試験に合格する必要があります

(電気工事士法で定められた電気工学の課程を修めて卒業したケースなど、条件によっては学科試験の免除も可)。

第二種と第一種ともに受験資格はありません。第二種電気工事士は、学科試験と技能試験に合格すれば免状の取得が可能です。一方で第一種電気工事士は免状の取得には実務経験(後述)が必要になります。

第一種電気工事士を取得すれば**一般用電気工作物**(一般住宅など)をはじめ工場や公共設備などの**自家用電気工作物**のうち、最大電力500kW未満の需要設備の電気工事に従事できます。

〈認定電気工事従事者〉

第二種電気工事士を取得すると一般住宅や小規模な店舗、事業所などのような、電力会社から**低圧**(600V以下)で受電する場所の一般用電気工作物の電気工事に従事できます。しかし、比較的大きなビルや工場などでの工事に必要な第一種電気工事士を取得するには3年の実務経験が必要です。そのようなときに、**簡易電気工事**(電圧600V以下で使用する自家用電気工作物〈最大電力500kW未満の需要設備〉の工事)を行える認定電気工事従事者の認定証を取得することで仕事ができるようになります。なお、認定電気工事従事者の認定証は、所定の機関での講習を受けることで取得できます。

〈施工管理技士〉

ビルや工場などの現場では多くの電気工事士が作業を行います。安全かつ滞りなく作業が進行できるように施工計画や施工図の作成、工事の工程、品質管理などを行う必要があります。また、建設現場には**監理技術者**もしくは**主任技術者**、**専任の技術者**の配置が必要となります。その役割を担うのが電気工事施工管理技士(セコカン)です。セコカンは、建物や受注額の規模に応じて2級と1級に分類されており受験条件、取得条件があります。

- **2級セコカン**（電気工事施工管理技術検定）
  中小規模案件の「主任技術者」、「専任の技術者」として、総額4 500万円未満の電気工事を請け負う現場に携わることができます。
- **1級セコカン**
  案件の規模に関わらず「主任技術者」、「監理技術者」として、総額4 500万円以上の電気工事を請け負う現場に携わることができます。

〈電気主任技術者〉

電気主任技術者は受験資格はありません。理論、電力、機械、法規の4科目を3年以内にすべて合格することで取得できます。最も合格率の高い第三種電気主任技術者（電験三種）でも10％弱と電気工事に関する資格のなかでも狭き門といえます。

電気主任技術者は、主にビルや工場、変電所などに設置されている電気設備の保安・監督が主な業務です。**高圧**（コラム1 参照）以上の電圧を取り扱う設備では、工事、保守、運用などの保安上の監督者として電気主任技術者の選任が義務付けられています。

建築・建設工事の現場では、工事を行うための仮設電源として大きな電力を必要とするため、大型の発電設備や高圧受電設備を導入する場合があります。このような場合は電気主任技術者の資格を持つ者がいることで、大型仮設電源の工事、保守、運用をすべて自社で行えるメリットがあります。

それぞれの種別で監督できる設備の範囲は次の通りです。

- **第三種**
  電圧5万V未満の**事業用電気工作物**（出力5千kW以上の発電所を除く）
- **第二種**
  電圧17万V未満の事業用電気工作物

- **第一種**

  すべての事業用電気工作物

資格取得のロードマップ

このように電気工事業では資格を中心としてキャリアアップを考える傾向があります。各社の業務内容やキャリアパスの考え方によって資格取得の推奨時期は異なりますが、一例としてロードマップを示します。このロードマップには、主に経済産業省および国土交通省認定の国家資格を記載します。このほかに建設現場では安全衛生の観点から、作業に応じて厚生労働省主導の特別教育や技能講習の受講が義務付けられています。

1年目：第二種電気工事士

2年目：第一種電気工事士、2級セコカン

3年目：1級セコカン

4～5年目：電験三種

業務において利用する機会の少ない資格であっても、資格試験対策に取り組むなかで電気工事士として働くうえで役に立つスキルを向上させることができます。ぜひ、積極的に資格取得を目指しましょう！

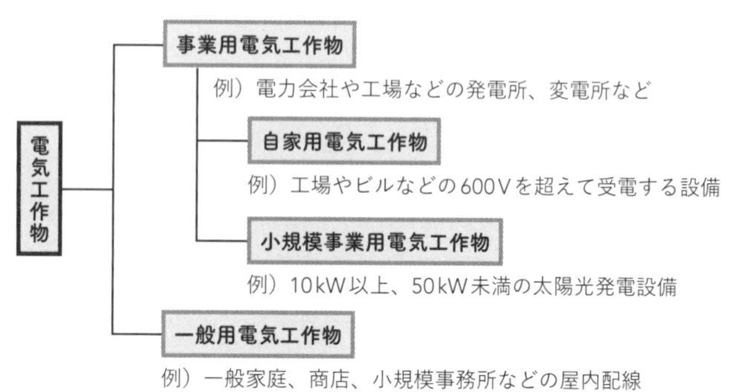

▲ 電気工作物の区分

Chapter

2 建築工事の全体の流れをつかもう

建物が完成に向かって工程が進むさまざまな場面で、電気工事が行われています。どの現場をとってみても同じものがないのが建設業の特徴といえます。そこで本章では、電気工事初心者に「まず押さえてほしい」ことを工程ごとに整理していくことにしましょう。
RC造のビルが完成するまでの大まかなフローは、

仮設工事→基礎工事→躯体工事→内装仕上げ工事→外構工事

です。まずは、各工事の概要を解説していきましょう。

高所＝2m　墜落制止用器具　墜落・転落事故

ご安全に！安全策の基本を押さえよう

安全第一を順守

各工程を確認する前に説明しておきたいのが「安全」に関してです。

工事現場に「安全第一」という標語が掲げられているのを目にしたことがあるでしょう。建設業では重機や電動工具などを使用し、高所作業も発生します。そのため、方法を誤ると大きな事故に発展するおそれがあります。ですから、現場のルールを順守することが自身の安全や働く仲間、さらには家族の人生も守ることにつながります。そのため、新たな現場で仕事をする際は新規入場者教育が実施されています。ここでは作業を行ううえで押さえてほしいポイントを解説します。

建設業は死亡災害事故が多い

建設業は、全産業のなかで最も死亡災害が発生している業種です(全体の約3割)。特に墜落・転落事故は事故原因の約3割を占めることからさまざまな安全策が講じられています。

建設業には**高所作業**が多く発生します。高所作業とは、2m以上の高さで行う作業を指します。そのため、高所作業を行うときは**作業床**(さぎょうゆか)を設け端部や開口部には囲いや手すり、覆いなどを設けて墜落を防止することが求められます。また、6.75mを超える箇所ではフルハーネスの墜落制止用器具の使用が義務付けられています(建設作業の場合は5m、柱上では2mを超える箇所から使用を推奨)。

▲フルハーネス型墜落制止用器具を着用した高所作業

また、天井に照明器具などを設置する場合は、脚立を使用するケースがあります。脚立の天板をまたぐなどの危険行為を行うと転落のリスクがあります。必ず正しい使用方法を順守してください(**コラム6 参照**)。その他にも滑りにくい靴を履くなどの対策も行いましょう。

また、切削事故や防じん対策のために、作業用手袋、防じんマスク、保護メガネの着用も重要です(㊵ **▲作業状況に応じた安全対**

策（参照）。

ハンドホール（マンホール）などで低酸素な状況が想定される場合は、酸素濃度計を使用する必要があります。

電気工事には、さまざまな現場が想定されるため、作業内容に応じた安全策を設けることが重要です。法で定められた危険作業を行う場合は、事前に特別教育や技能講習の受講が必要です。

工事現場では、自身の身を守るのは大切な仕事です。日ごろから現場や作業に潜む危険について学び、安全を意識して行動することが何よりも重要です。

ヘルメットにも種類がある？

建築工事の現場では、労働者の安全を守るためにヘルメット（保護帽）の着用が義務付けられています。電気工事において、ヘルメットは主に3つの目的で使用されます。

① 落下物や飛来物から頭部を保護するため
② 墜落時に頭部を保護するため
③ 電気設備に近づく際に感電を防ぐため

以上のことから、電気工事を行うときに着用するヘルメットは、「飛来・落下用」「墜落時保護用」「電気用」の3つの機能を満たすものを選ぶようにしましょう。

また、ヘルメットを正しく着用するためには、以下の点に留意する必要があります。

- ヘッドバンドを適切に調節し、ヘルメットがしっかりと頭にフィットするようにする。
- あごひもをきちんと締め、ヘルメットが外れないようにする。
- 一度衝撃を受けたヘルメットは、内部に亀裂や損傷がある可能性があるため、新しいものと交換する。

建設業界では、安全対策の重要性が強く認識されており、ヘルメットはその一環として欠かすことのできない存在です。労働者一人一人がヘルメットの着用を徹底することで、重大な労働災害を防ぐことができます。

工事のための工事 ——仮設工事

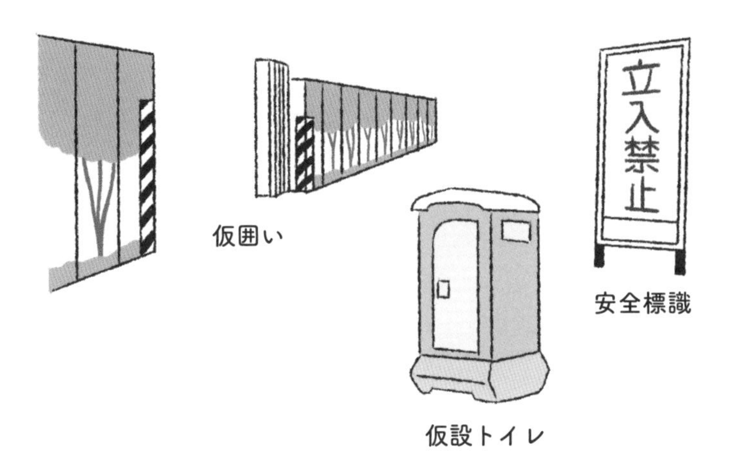

仮囲い

安全標識

仮設トイレ

仮設工事

仮設工事は建築工事を行うために必要となる工事環境を整えるための工事です。必要に応じて現場の**仮囲い**や敷鉄板の設置、プレハブ式現場事務所の設置などを行います。現場事務所や現場では、照明をはじめ電動工具などを使用するための電源が必要です。そこで電力会社に申請して、電線から建築物や設備に電気を供給するための仮設電気工事が行われます。現場を受け持った電気工事会社が対応するケースもありますが、一般に専門業者が行うことが多いようです。

これら仮設物は、建築の工程に合わせて設備が導入されます。そして必要がなくなれば撤去されます。これら仮設物の施設～撤去までを仮設工事と呼びます。

仮設物は現場の規模、進捗などの条件に応じて異なります。そのなかでも、ほぼすべての現場で設置される仮囲いと仮設電気設備について説明しましょう。

仮囲いの役割

工事現場の周囲を囲むように設置された高さ3〜4m程度の鉄製の壁＝「仮囲い」はどこかで一度は見たことがあるのではないでしょうか。以前は単色の仮囲いが主流でしたが、最近では子どもたちの描いた絵や、心を和ませる図柄がプリントされたデザインの凝ったものもあります。

仮囲いは工事の騒音防止、工事現場からの機材や資材の飛出しによる事故の防止や、現場の中に関係者以外の人が立ち入らないようにする目的で設置されます。そのため、工事の初期段階で設置されることが多いのです。仮囲いの設置は足場工事などを受け持つ**とび**(鳶)が行うことが多いようです。

▲ 仮囲い

仮設電気工事

▲ 仮設キュービクル[2)]

戸建て住宅など比較的、規模の小さい現場では**低圧**での引込みが行われます。しかし、ビルや工場のように現場の規模が大きい場合は、**高圧**での引込みが行われることが一般的です。高圧電源では電動工具などを使用できないため、**受変電設備**(キュービクル ㉝ 参照)を設置して降圧して(電圧を下げて)使います。また、電力会社の電気が現場の付近まで送電されていない場合や、工場のように大きな現場で仮設電源を引き込んでいても作業場所まで届かないケースでは、発電機が使用されます。

電気を引き込んだ場所(受電点)や発電機の設置場所から現場の各所まで、安全に電気が使用できるよう電気を使用する場所に仮設**分電盤**が設けられます。そこを中心に電動工具や工事用照明などへ電源を供給します。仮設分電盤は建築工程の進捗に従って配置や数が変わり、建築工事が終了するころにすべて撤去されます。このような電気工事が**仮設電気工事**というのに対して建物の電気設備の工事は**本設工事**といいます。

▲ 仮設電源用発電機[3)]

▲ 仮設分電盤[2)]

コラム 1 高圧と低圧と変圧

電力会社から需要家への受電電圧には低圧、高圧、特別高圧の3種類があり、どの区分で受電を行うかは契約電力や電気使用量によって異なります。

送配電の距離が長くなると、導体の抵抗により電力のロスが起こります。電力のロスは電線を流れる電流の量に比例して大きくなるため、電流を減らす工夫が必要です。

単純に電力＝電流×電圧と考えた場合、同じ大きさの電力を送電するのであれば電圧を高くすると電流を減らせます。この考え方にのっとり、発電所で発電された電力は27万5 000～50万Vという高い電圧で送配電されます。しかし、このような高電圧で人口密集地に配電することは現実的でないため、送電区間の途中に変電所を設けて、最終的に住宅のコンセントで使用する100Vまで電圧を下げます。送配電線において段階的に下げられる電圧のどの区間で受電するかによって受電電圧の区分が異なり、需要家が必要とする電力の大きさにより、受電する電圧が決定されます。

需要家の受電電圧は、戸建て住宅や小規模アパートなど、比較的小さな電力で賄える需要家では**低圧**(100～200V)。マンションやオフィスビルなど、需要電力が大きい需要家では、**高圧**(一般的に6 600V)で、さらに需要電力が大きい大型ビルや鉄道、大規模工場などでは**特別高圧**(20～140kV)で受電します。

電気機器類は低圧で使用するものが多いため、高圧、特別高圧で受電する需要家は、需要家内に施設された変電設備により機器に応じた値に電圧を下げてから配電します。低圧需要家は、電柱の上などにある変圧器で100～200Vに変圧した電気を引き込んでおり、変電設備を導入する必要はありません(電気料金の単価は高圧、特別高圧の需要家より高い)。

7 建物の土台をつくる ――基礎工事

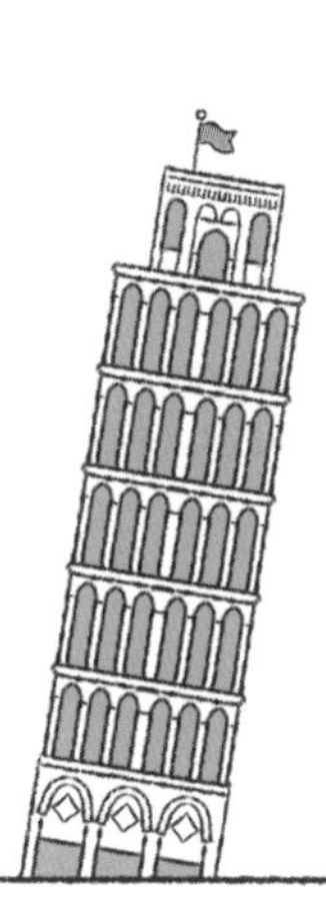

何でも基礎が大事

砂上の楼閣という言葉があります。砂のように柔らかい土台の上に立派な建物を建てても、傾いて沈んでしまうということから転じて、見かけ倒しやうつろいやすいものをたとえるときに使われる言葉です。

この言葉のように、建物を建てるためには建物を支える土台が重要となります。この建物の土台となるものが「基礎」です。

基礎工事は建物の重量を支える**基礎**を地下につくるための工事です。

▲ RC造のビルの基礎

基礎工事の工程を確認

基礎工事は主に建築工事側が行います。工事が行われるなかで、後で解説する**接地極**（⑫参照）を埋設するための穴や管路の掘削を電気工事側から建築工事側に依頼するケースがあります。まずは基礎工事の流れを確認してみましょう。

杭打ち→根切(ねぎ)り→砕石地業(じぎょう)・転圧→捨てコンクリート打設→基礎、地中梁(ばり)配筋→型枠工事→コンクリート打設→型枠撤去

の順で工事が進められることが一般的です。

杭打ち

建物の重量を基礎だけでは支えきれないケースもあります。そこで、多くの場合は基礎の下には基礎にかかった重量を安定した地盤に伝えるための**基礎杭**が打ってあります。

杭打ちとは、文字どおり杭を安定した地盤まで打ち込む工事です。杭にもさまざまな種類があり、それに応じた施工法があります。

一般には掘削孔をあけてから杭を打ち込む方法や、鉄筋を設置してコンクリートを流し込む方法、既成のコンクリート杭を打ち

込む方法などがあります。

地面の掘削にはアースドリル、杭打ちにはパイルドライバーなどが使用されます。

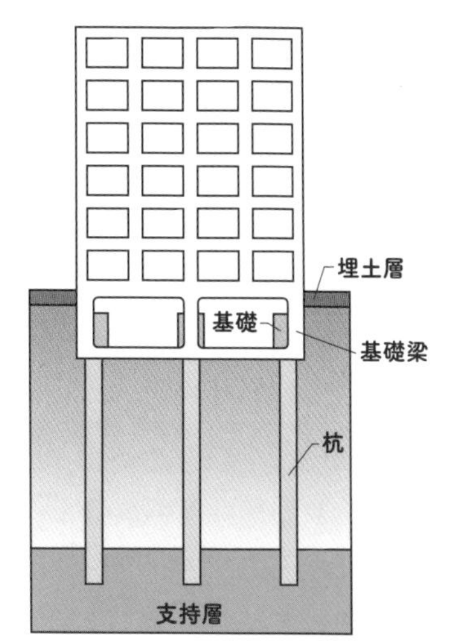

▲ 基礎杭

▲ パイルドライバー[4)]

根切り工事、山留め工事

根切りとは基礎や地中梁など、地面の下に設置する構造物をつくるために地面を掘る作業です。ここではバックホー(油圧ショベルのうちショベルをオペレーター側に向けて取り付けたもの)などが使用されます。管路の掘削などを依頼するのであればこのタイミングがよいでしょう。

根切りによって掘削箇所の周囲の地盤が崩れるおそれがあります。そこで掘削面を板などで押さえることを**山留め**といいます。

奥に親杭横矢板工法による山留め壁が見える

▲ 根切り工事[5)]

砕石地業・転圧

砕石地業・転圧は根切りによってつくられた地盤面の補強を行うための作業です。**砕石**を敷き詰めてランマーやプレートコンパクターといった転圧機械で地面を締め固めます。

捨てコンクリート打設

捨てコンクリート打設は建物を建てるための基準線などを**墨出し**（⑧墨出しとは？ 参照）するための作業用の床をつくる工事です。

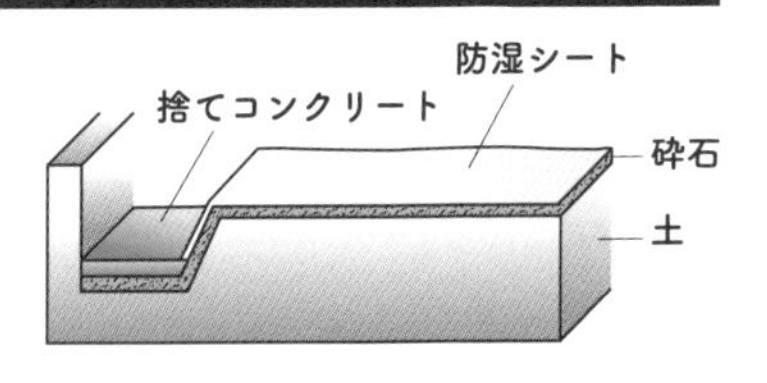

基礎配筋、地中梁配筋

建物の重量を支えるために基礎や地中梁には太い鉄筋が使用されます。鉄筋は工場などで加工されて搬入されるケースもありますが現地で組み立てられることが一般的です。

鉄筋工事と電気工事とは、あまり関連がないように思うかもしれません。しかし、実際の現場では、電気工事で行う作業の多くは鉄筋工事と型枠工事の間に行われています。

▲ 柱壁の鉄筋配筋[1)]

▲ 梁スリーブ[1)]（⑲参照）

型枠工事

鉄筋コンクリート造は骨格となる鉄筋と形を決める**型枠**にコンクリートを流し込んでつくられます。型枠はコンクリートを成形するための「型」の役割を担います。

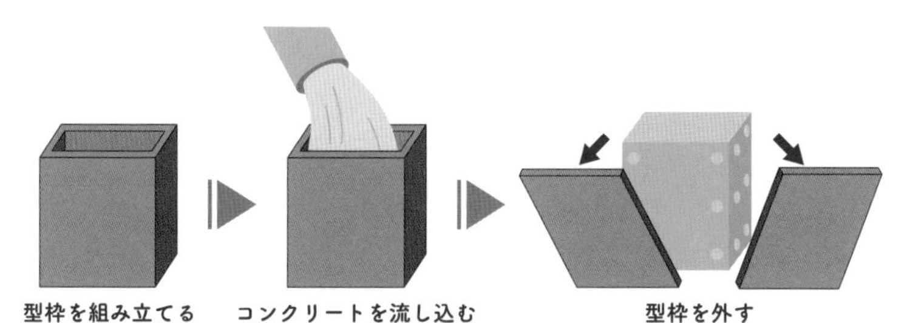

▲ 型枠工事の手順

▲ 梁配筋と型枠[1)]

コンクリート打設の手順

完成した型枠には、コンクリートを流し込み(打ち込み)ます。コンクリートはポンプ車で圧送して型枠に充填します。その際に、型枠の隅などは空気や鉄筋などで充填を阻害されることがあります。それを防止するためにコンクリートに振動を与える「締め固め」が行われます(㉑参照)。

型枠はコンクリートが硬化して形状を保持できるようになったら撤去されます。型枠の組立て→**コンクリート打設**→型枠の撤去、の工程は、電気工事でもかかわる場面が多いので、のちほど**躯体**工事における電気工事の仕事を解説するなかでも説明します。

▲ コンクリート打設[5)]

8 建物の「骨」をつくる ——躯体工事

躯体の構造

躯体は建物の骨格となる構造物です。この構造物に外壁や内壁、天井などが張られると普段の生活のなかで目にする建築物の姿になります。

RC造では、躯体の様式が大きく**壁式構造**と**ラーメン構造**に分類できます。建築物の躯体は、建物の基本的な構造を形成し建物の重量などを支え、建物に安定性を持たせるための構造物を指します。躯体を構成する主な要素には柱、梁、壁、スラブ(床など)があります。

〈**柱**〉

柱は、垂直方向の建物の重量を支え、基礎に伝達するための構

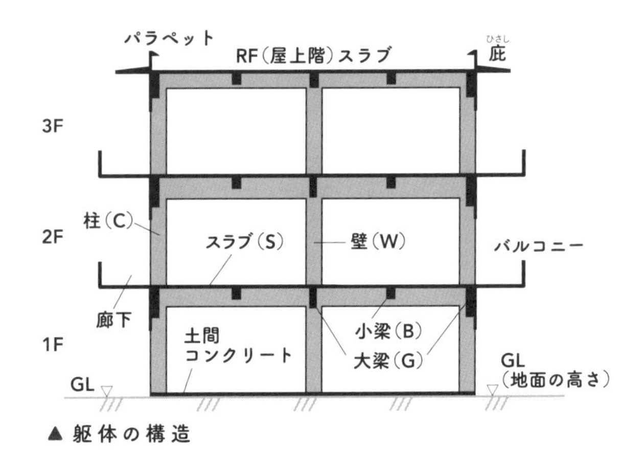

▲ 躯体の構造

造体です。材質には木材、コンクリート、鋼鉄などがあります。

〈梁（大梁、小梁）〉

梁は、屋根、床、壁などの荷重を壁や柱に伝達します。主要な梁となる大梁は、建物の主要な荷重を支え、小梁はその補助的な役割を担います。

〈壁〉

壁は、空間を区分したり、建物の外部と内部を分けたりするために垂直に配置される構造体です。壁にはさまざまな種類があり**構造壁（耐力壁）**は建物の重量を支える役割も担います。**非構造壁（間仕切り壁）**は、主に空間の区分に使用されます。構造壁は躯体に分類されます。

〈スラブ〉

スラブは、建物内部に水平面を形成し、梁や柱に荷重を伝達するほか、床、天井、屋上の仕上げ材を支えるための基礎となる構造体です（工法によってはスラブではなく、梁などで床や天井を支える場合もあります）。

壁式構造

壁式構造は建物の重量を「壁」と「床」で支え、それを地面に伝えます。戸建て住宅など、比較的小規模な建物に多く採用されています。

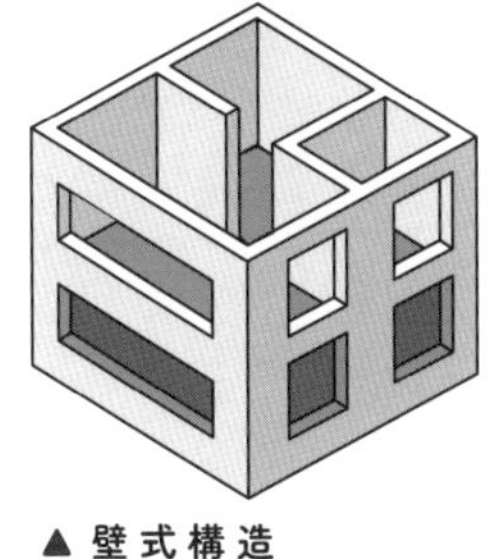

▲壁式構造

ラーメン構造

ラーメン構造は建物の重量を「柱」や「梁」といった骨格で支え、それを地面に伝えます。マンションや学校、ビルといった広い空間を必要とする建物に多く採用されています。そのほかにも、さまざまな構造があるため、実際に電気工事を行ううえでは、建築の知識も求められるのです。

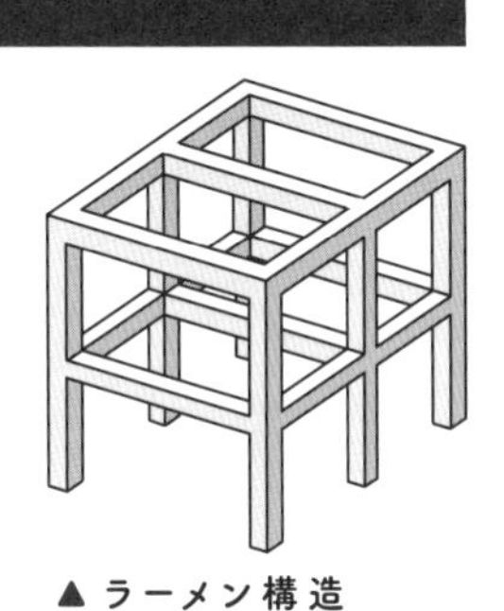

▲ラーメン構造

躯体工事の流れ

躯体工事は以下の工程で行われます。

墨出し→型枠工事および鉄筋の配筋→コンクリート打設→型枠撤去→上階に上がってフロアごとに同工程を繰り返す

型枠工事と鉄筋配筋とコンクリート打設は、前節⑦の基礎工事で紹介したとおりです。RC造の建物では1フロアずつ、この工程を繰り返すことで階がつくられていきます。

墨出しとは？

墨出しは、柱、壁、設計図上の**通り心**（芯）（壁や柱の中心）など、建物を建てる際の基準となる位置をコンクリートの上に示す作業です。墨壺という道具を使って位置を示すため、墨出しと呼ばれています。墨のついた糸に張力をかけた状態で弾くことでまっすぐな線が引けます。また、チョーク粉を使用したチョークラインで作業を行うケースもあります。しかし、現在ではレーザーで水平や垂直などの基準線を照射する**レーザー墨出し器**を使用するケースが増えています。レーザー墨出し器は、天井や壁などが汚れないためリニューアル工事の現場などでも重宝されています。

すべての基準となる**心(芯)墨**や、工程が進んだときに心墨が見えなくなった際に使用する**逃げ墨**などは、建築工事側で墨出しするのが一般的です。設備の墨出しは各専門業種で行います。

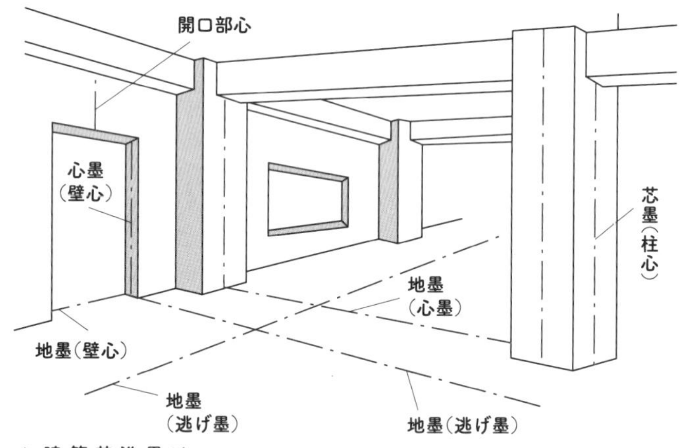

▲ 建築基準墨 *1

二重天井　間仕切り壁　二重床

「空間」から「部屋」へ！——内装仕上げ工事

Before

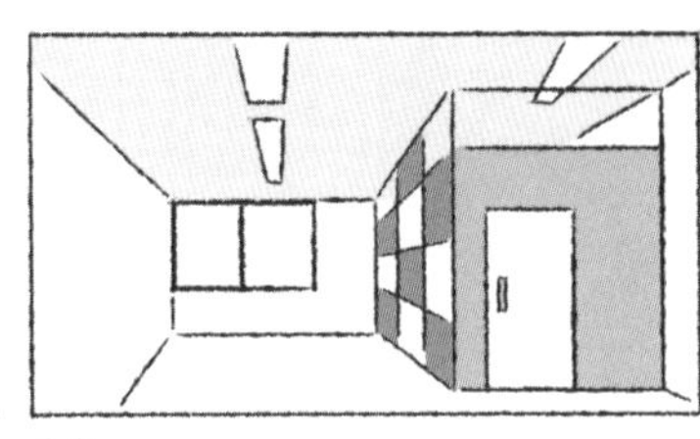

After

「部屋」の要素

躯体工事が終わると床や壁、柱、天井はありますが、「部屋」というには少々寂しい状態です。そこで部屋の要素となる**二重天井**、**間仕切り壁**や**二重床**、**建具**(窓、ドアなど)などを配し、用途に合わせて室空間をつくります。さらに壁紙やカーペットなどを使用して仕上げまでが行われます。この工程では各所の配線工事や照明器具、コンセントといった器具の設置工事が行われます。

実際の内装仕上げにおいて行われる工事をまとめると、次ページの図のようになります。それぞれの工事ではどのようなことが行われるかを見ていきましょう。

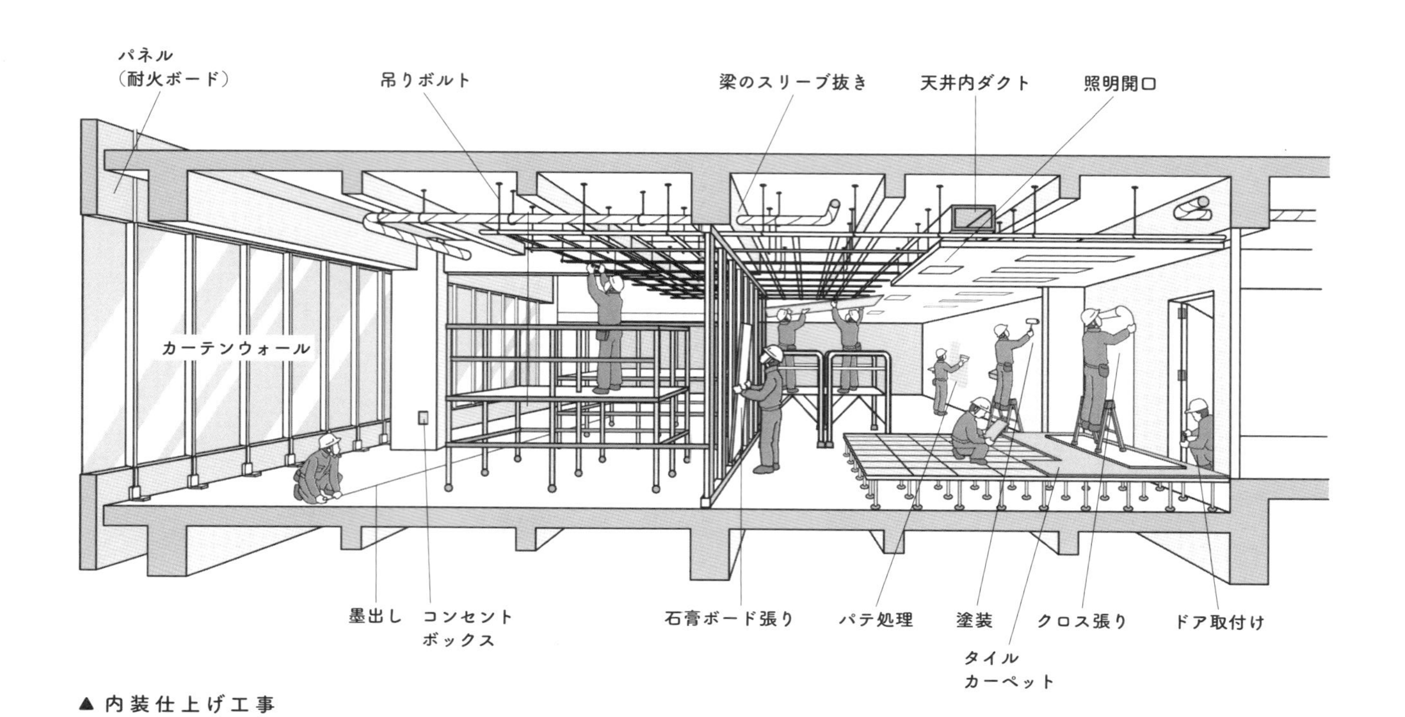
パネル
（耐火ボード）
吊りボルト
梁のスリーブ抜き
天井内ダクト
照明開口
カーテンウォール
墨出し
コンセント
ボックス
石膏ボード張り
パテ処理
塗装
クロス張り
ドア取付け
タイル
カーペット
▲内装仕上げ工事

天井をつくる

天井には、**スラブ**に埋め込んだ**インサート**（㉖参照）に**吊り（寸切り）ボルト**を取り付け、そこに**軽量鉄骨**（**LGS**: Light Gauge Steel）を組み合わせて吊り下げた**軽量鉄骨下地**が多く用いられます。下地に**化粧石膏ボード**や**石膏ボード**などを張って部屋の**二重天井**（㊴参照）がつくられます。

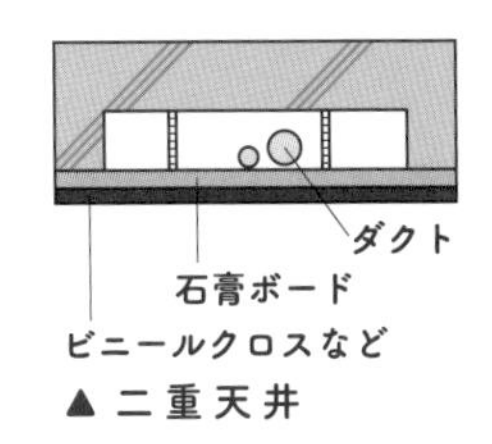

▲二重天井

▲二重天井の下地[5)]

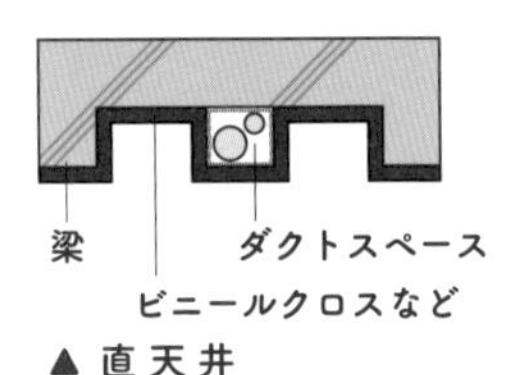

▲直天井

壁をつくる

間仕切りとは、建物内の空間を仕切ることで間取りを構築する壁をいいます。間仕切り壁は、多くの場合、天井と同じように軽量鉄骨材を組み合わせた下地の上に石膏ボードをビス止めで張り付けてつくられます（㉛参照）。

▲軽量鉄骨材の下地[5)]

▲ボードを張り終わった壁[5)]

一方、躯体壁の工事には、軽量鉄骨下地や石膏ボードをボンドで張り付ける直張り工法があります。

◀ 躯体壁にGLボンドで石膏ボードを張り付けた断面[5)]

ボードの下地処理

二重天井や間仕切り壁に張り付けた石膏ボードは表面に**下地処理**をし、その上にクロスが張られるか、塗装が施されるかして仕上げとなります。また、建具枠にはドアや窓が取り付けられます。

▲ ボードの下地処理[5)]

OAフロア

オフィスなどでは竣工後に情報機器の配置換えの自由度が高まることから二重床として**OAフロア**用下地材が配置され、床下に情報機器の電源や通信線の配線スペースが設けられます。下地材の上にはカーペット材などが張られて仕上げとなります。

▲ OA配線に特化した二重床[6)]

10 外壁仕上げ工事 ——外構工事

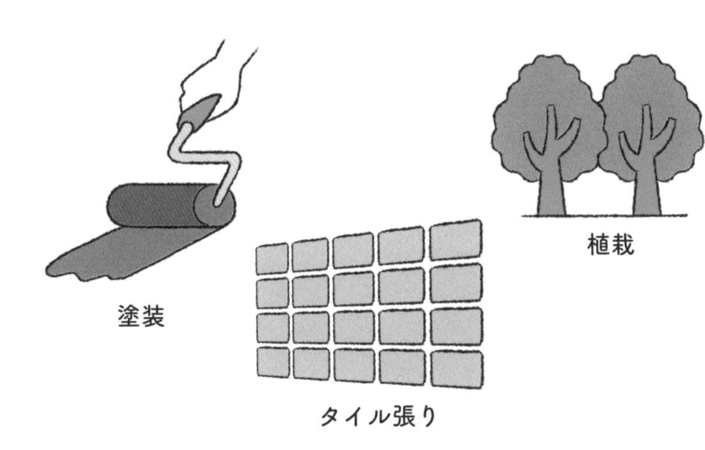

外観仕上げ工事

型枠を外した状態は、いわゆる「打ちっぱなしのコンクリート」の状態です。その躯体の外側表面に意匠や耐久性などの機能を持たせるための仕上げ材を施工するのが外壁仕上げ工事です。さらにサッシや窓などの取付けも含まれます。

▲ タイル張り工事[5)]

窓は躯体の開口部にサッシ

の建込み位置を決めて、前もってコンクリートに埋め込んでおいたサッシアンカーに溶接します。その後、防水用のモルタルを詰め、外壁が仕上がったあとに、さらに防水のための**シーリング**を行います。シーリング材には、躯体サッシの金属が熱で膨張した際や、地震の際の緩衝材の役割もあります。シーリングは屋外に設置される電気設備の防水などにもよく使用されています。

外構工事

外構工事は、外壁仕上げが終わり、仮設足場が撤去されたタイミングで実施されます。外構工事は建物周囲の舗装や植栽、駐車場や駐輪場を設置するための工事を指します。電気工事では、外灯やライトアップ用の**投光器**の設置なども含まれます。これらは建物の機能やデザインを引き立てるためにも重要な工事です。建物完成直前に実施されることや、携わる業種が多いため、段取りや調整力が求められます。

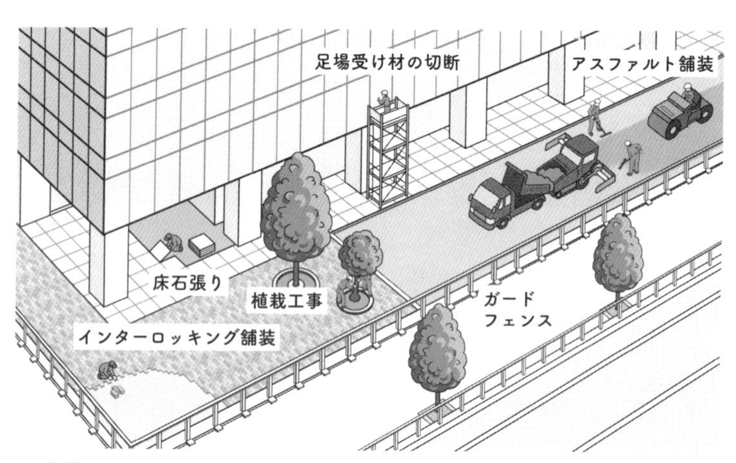

▲ 建物を引き立たせる外構工事

11 工事の基本！図面を理解しよう

設計図とは

作業内容を熟知していないと**手戻り**(やり直し)による工期の遅れだけでなく、労働災害の原因にもなりかねません。このような状況を回避するには図面の理解と確認が欠かせません。図面は工事におけるマニュアルのような役割を担います。図面には、電気設備をどの位置にどのような配線経路で導入するかなどの情報が記されています。これらの情報は設計者の意図が反映されたものであるため、決してなおざりにはできません。

電気工事には、さまざまな図面が用いられます。まずは、**設計図**と**施工図**の違いを押さえていきましょう。

設計図とは、設計を委託された設計事務所の建築士などが作成します。施主の要望を取り入れ完成イメージを図面化したものです。主に4つの図面から構成されています。

意匠図：建物の目に見える部分のデザインを示す図面
構造図：建物の重量を支える内部構造を示す図面
設備図：電気、給排水などの設備の配置を示す図面
外構図：建物以外の庭や駐車場などのデザインを示す図面

これらの図面には、建物を建築するための指針となる情報が記されています。設計図に記されているのは設備の大まかな配置など、あくまでも建築の指針となる情報だけなので、設備の詳細な位置や**納まり**(完成状態)といった施工に必要な情報は記されていません。

施工図とは

一方、施工図は設計図に則って、実際に施工を行う場合の詳細な情報が示されています。建築工程に応じて発生するさまざまな施工を管理する**監督者**は、建築の構造や**仕上がり**、他の設備との**取り合い**(設備などが干渉する場所の調整)などを考慮しながら施工図を作成します。また、監督者は設計図と施工図をもとに作業の工程管理や人員、資機材の確保を行います。

施工者(**技能者**)は、施工図を確認して指定された工事内容を行

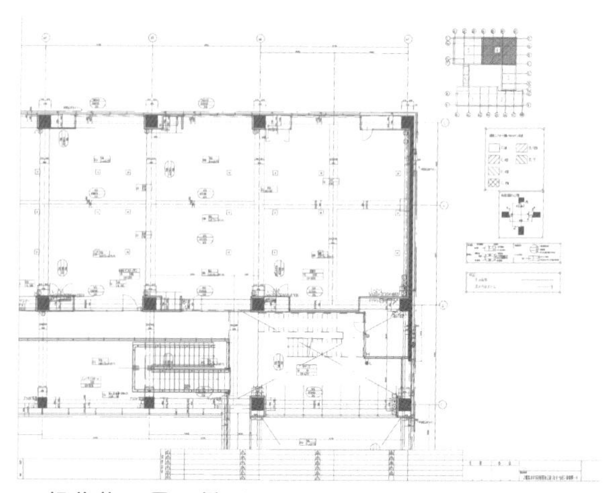

▲ 躯体施工図の例 *12

うために必要な工具などを用意して作業を行います。

図面を読むには図記号の理解が必要です。代表的な図記号を以下にまとめてみましょう。

▼ 建築図面でよく使用される図示記号の例※

配管配線		照明器具　角形天井付	壁付コンセント 2P15A×1
―――――	天井隠ぺい配線	照明器具　天井付	20A 壁付コンセント 2P20A×1
― ― ―	床隠ぺい配線	照明器具　壁付	3P 壁付コンセント 3P15A×1
- - - - - -	露出配線	● タンブラスイッチ 1P15A×1（連用大角形）	LK 壁付コンセント 2P15A×1（抜止形）
	立上り	●2P タンブラスイッチ 2P15A×1（連用大角形　2極）	E 壁付コンセント 2P15A×1（接地極付）
	引下げ	●3 タンブラスイッチ 3W15A×1（連用大角形　3路）	ET 壁付コンセント及び接地端子 2P15A×1　ET×1
□	ジョイントボックス	●4 タンブラスイッチ 4W15A×1（連用大角形　4路）	WP 壁付コンセント 2P15A×1（防雨形）
⊠	プルボックス	●H タンブラスイッチ 位置表示灯付 1P15A×1（連用大角形）	機器
	ケーブル用ジョイントボックス	●L タンブラスイッチ 確認表示灯付 1P15A×1（連用大角形）	Ⓜ 電動機
	受電点、引込口	●A 自動点滅器	Ⓗ 電熱器
電灯		●R リモコンスイッチ	換気扇
	照明器具　天井付	セレクタスイッチ	T サーモスタット
	照明器具　壁付	リモコンリレー集合体	S 開閉器箱

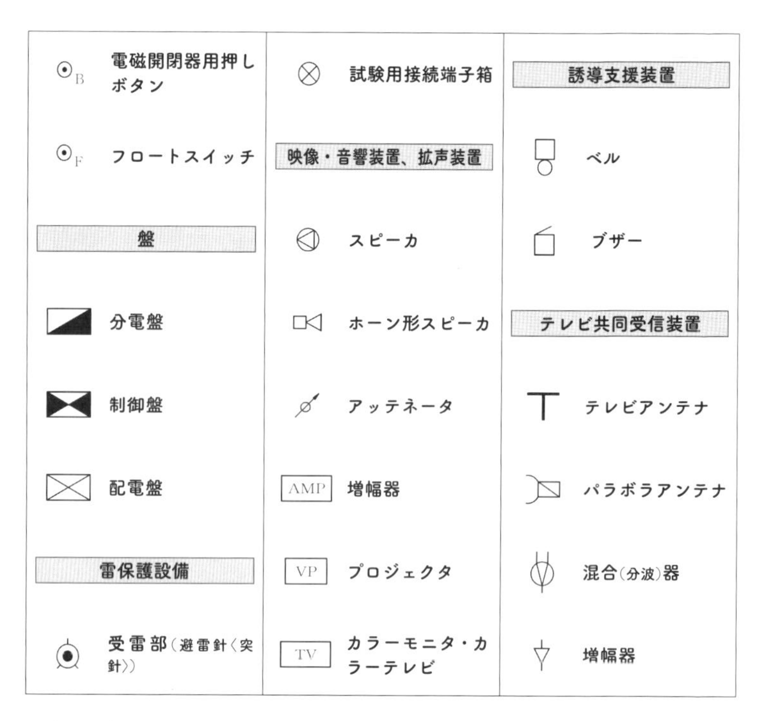

※『公共建築設備工事標準図（電気設備工事編）令和４年版』（国土交通省）（QRコードのURL参照）をもとに作成。詳細は、第1編　共通事項を参照してください。

全体の工程が何となくわかったでしょうか。次章では各工程において、どのような電気工事が行われるか見ていくことにしましょう。

Chapter

3 基礎工事における電気工事の仕事

初心者にとって、電気工事の仕事は圧着工具やペンチを使用するイメージがあります。しかし、実際には多くの場面で「電気工事の仕事」として掘削作業が発生します。その理由の1つは、ケーブル類など埋設可能なものはできるだけ「見えない」ほうが意匠性が高くなることが挙げられます。また、建物の利用者の安全のため、という考え方もあるでしょう。
それでは基礎工事において、どのような電気工事が行われるかを見ていきましょう。

安全に電気を使うために欠かせない！——接地工事

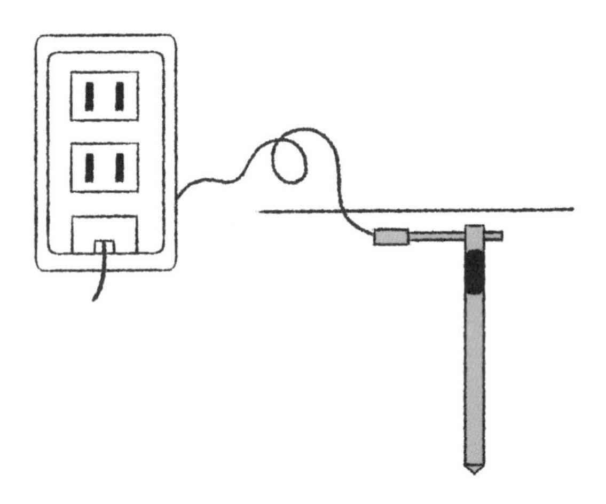

接地の役割

冷蔵庫や電子レンジに緑色の電線が付いているのを見たことがあるのではないでしょうか。あの緑色の電線はコンセントなどのアース端子に接続して使います。コンセントのアース端子の裏側にある**接地(アース)線**をたどっていくと地面に埋設された**接地極**にたどり着きます。

接地は高圧電路(約6kVなど)と低圧電路(約100/200Vなど)が電気的に接触してしまう**混触事故**が起こった際や、電気が想定していない場所に漏れてしまう**漏電・地絡事故**が起きた際に、事故点の電位上昇を防止し、電流を地面に逃がすなど、電気を安全に使用するうえで非常に重要な役割を担っています。また、**漏電遮断器**や**漏電警報器**を正常に動作させるためにも必要です。

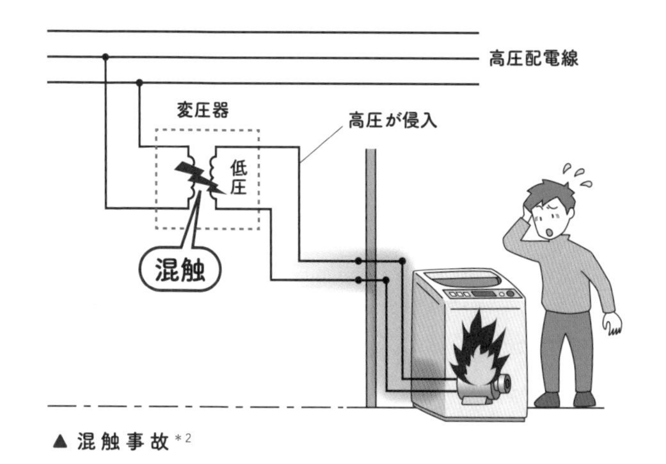

▲ 混触事故 *2

短絡・地絡、漏電

電気工事の施工不良や劣化した設備の保守を怠った場合、電気事故が発生する恐れがあります。

〈短絡〉

「短絡」とは、一般に**ショート**と呼ばれる現象です。例えば、乾電池から豆電球に給電するにはプラス極とマイナス極に接続する2本の電線が必要になります。この2本の電線(電路)が豆電球などの負荷を経ないで接触してしまった状態を短絡と呼びます。

コンセントの先端にプラグが2本あるのも、家電に電力を供給するために2本の電線が必要だからです。コンセントプラグでも電線どうしが接触すれば短絡といいます。

短絡が発生すると非常に大きな電流(短絡電流)が流れるため電線の導体が非常に高温になり、最悪の場合、火災につながるおそれがあります。また、火花(アーク)の発生により火傷や火災に至る場合もあります。

〈地絡・漏電〉

「地絡」は、電路と大地が電気的に接触してしまう状態を指します。もちろん、この電気的接触は意に反しておこるものです。

同じように「漏電」も電路から目的外の電気が漏れることを指します。ただし、地絡とは異なり必ずしも地面に電気が流れているとは限りません。例えば、接地工事がされていない機器の金属製外箱(筐体など)に漏電し、人が接触して、地面と充電した金属製外箱の間に電路が形成されると、漏電とも地絡ともいえる状況になります。

大まかにいうと低圧の系統では漏電、高圧以上の系統では地絡といわれることが多いように思います。

いずれにせよ、このように漏電も地絡も想定している電路から外部に電気が流れ出てしまう状況なので、感電や火災などの原因となります。そこで、電気設備では漏電遮断器や地絡継電器などで漏電、地絡の検知、遮断を行っています。

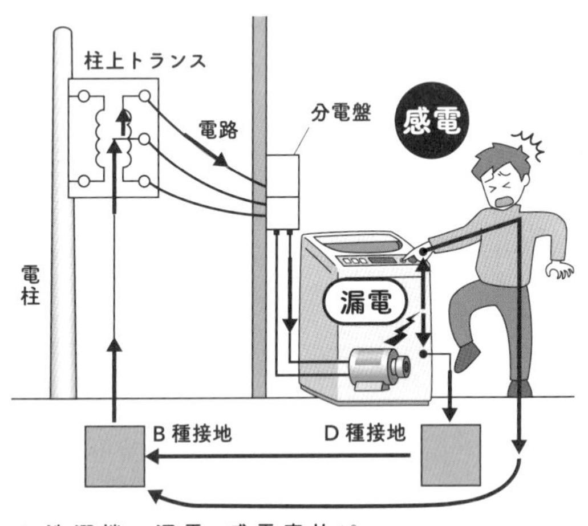

▲ 洗濯機の漏電・感電事故 *3

接地板　アース棒　接地抵抗値

13 接地工事の種類

接地工事＝埋設が必要

接地工事が基礎工事の段階で行われることが多い理由は、基礎の構築には掘削を伴うためです。つまり、基礎工事の段階で接地極を埋設できれば電気工事側としては掘削作業を簡略化できるのです（外構工事の際に埋設するケースも多い）。

接地極はどこに埋設するのか

接地極は、メンテナンスなどが必要になった際に対応しやすいように、捨てコンクリートの外で掘削された、舗装などがされていない箇所に埋設します。

接地極には銅板の**接地板**や棒状の**アース棒**などが用いられます。

▲接地板[5)]

▲アース棒[7)]

接地抵抗の種類

接地極と埋設した周囲の土や石との間には、電気を通しにくくする**接地抵抗**が生じます。接地抵抗は接地極の表面積や埋設場所の地質によって変化します。接地抵抗が高いと接地としてうまく機能できません。どれだけ接地抵抗を低くすればよいのかは接地の目的によって法的に値が定められています。

B種接地工事って何？

高圧の電力を低圧の電力に変換するために**トランス**（**変圧器**）という機器を利用します。トランスの中には、高圧の電力から低圧の電力へと変換するためのコイルが、物理的に近い距離で配置されています。通常、これらのコイルの間には絶縁体が配置されていて、低圧側のコイルに高圧側の電力が侵入することはありません。しかし、経年劣化による絶縁不良などで低圧側のコイルに高圧の電力が侵入してしまうことがあります。これを**混触**（⑫参照）と言います。

混触事故が起きると低圧系統に高圧の電力が供給される事態となり大変に危険です。これを回避するためB種接地工事を施します。B種接地工事は混触が起きた際に高圧側の電力を大地に逃がして、低圧系統の電圧が高くなってしまうことを防ぐ役割を担います。

▼ 接地抵抗値の規格値

接地工事の種類	接地抵抗値
A種接地工事	10Ω以下
B種接地工事	変圧器の高圧側又は特別高圧側の電路の1線地絡電流のアンペア数で150（変圧器の高圧側の電路又は使用電圧が35 000V以下の特別高圧側の電路と低圧側の電路との混触により低圧電路の対地電圧が150Vを超えた場合に、1秒を超え2秒以内に自動的に高圧電路又は使用電圧が35 000V以下の特別高圧電路を遮断する装置を設けるときは300、1秒以内に遮断する装置を設けるときは600）を除した値に等しいΩ数以下、ただし5Ω未満であることを要しない
C種接地工事	10Ω（低圧電路において、地絡を生じた場合に0.5秒以内に当該電路を自動的に遮断する装置を施設するときは、500Ω）以下
D種接地工事	100Ω（低圧電路において、地絡を生じた場合に0.5秒以内に当該電路を自動的に遮断する装置を施設するときは、500Ω）以下

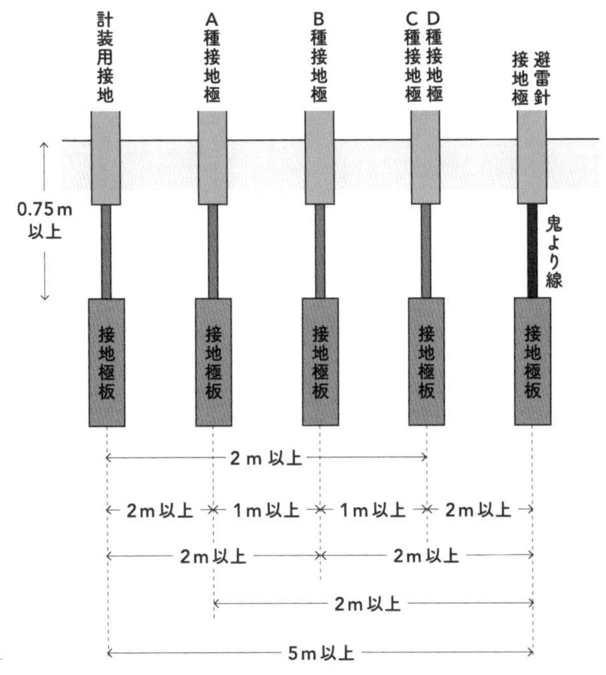

▲ 各種接地極の間隔

3 基礎工事における電気工事の仕事

埋設の基準

一般に接地極を埋設する際は、接地極の上端から地表面まで、0.75m以上の深さが必要とされています。そして人が触れるおそれのある金属体や裸銅線からは1m以上、避雷器、雷保護設備からは2m以上離れた場所に埋設する必要があります。また、種類の同じ接地工事の接地極同士では2m以上の離隔が必要です。さらにA種とB種のように異なる接地工事の場合は、接地極どうし5m以上の離隔距離を取ることで相互の干渉を抑えられます。

機器接地と系統接地

接地工事は用途、目的に応じて「機器接地」と「系統接地」に大別できます。

機器接地の主な目的は、電気機器で漏電が発生した場合に、電流を安全に地面に逃がすことです。例えば、洗濯機や冷蔵庫などの家庭用電気製品が故障して、筐体(外箱)に電気が流れてしまったとき、機器に触れた人が感電するのを防止するために機器接地を施します。

系統接地は、電力系統全体の安全性と安定性を保つために行われます。変圧器で混触事故が起きた際の低圧側の電位上昇を防ぎます。また、電力系統が一定の電位(電圧の基準点)を保つためにも系統接地が必要です。

前述の接地工事の種類(A～D種)のうち、A種、C種、D種は機器接地、B種は系統接地ということになります。B種接地工事の接地抵抗に関する規格値だけが特殊な書き方になっているのはこのためです。

14 接地工事のポイント

接地抵抗値は低ければよいわけではない

接地工事は規定値以下の接地抵抗値が出れば半分成功といえるでしょう。だたし、**B種接地工事**に関しては電力会社と協議が必要な場合があり、接地抵抗値が低すぎると地絡時に流れる電流が大きくなり過ぎるため注意が必要です。その他にも避雷設備用、弱電用、漏電遮断用、蓄電池用、医用など、接地の目的に応じて指定がある場合があります。事前に工事の仕様を確認して作業を行いましょう。

なお、接地工事は多くの場合、電気工事側が行いますが、接地抵抗を下げることが難しい地盤があるときには専業の工事会社に依頼することもあります。

最近の主流はアース棒による施工

接地工事では、穴を掘る必要のない**アース棒**が使用されることが増えています。なかでも複数本を一直線上につなぐことのできる連結式タイプが便利です。規定値以下の接地抵抗値が出るまで複数本のアース棒を地面に打ち込みます。セットハンマーを使って人力で打ち込む方法と、電動ハンマー(電動ピック)などの工具にアース棒打込み用のアタッチメントを付けて打ち込む方法があります。複数本の打込みには電動工具を使うと作業性が向上します。ただし、アース棒の先端にリード線を取り付ける際や、アース棒を打設する際の地盤の確認などにはセットハンマーがあると便利です。

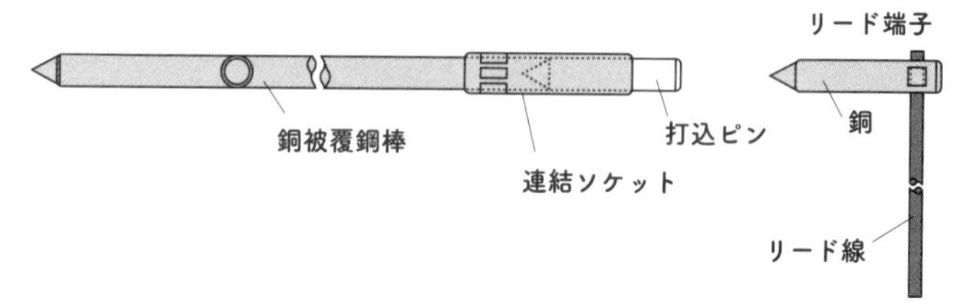

▲ 連結工法用丸形アース棒

▲ 電動ハンマーによるアース棒の打込み[7)]

アース棒の打込み本数の考え方

アース棒の使用数の決定には、アース棒を試し打ちして連結本数ごとの抵抗値を測定しておくと必要な本数の見当がつきます。

計算方法は並列接続の合成抵抗の算出と同じです。打込み箇所の土質が同じであると仮定した場合、同じ連結本数を2カ所に打てば1カ所の1/2に、3カ所に打てば1カ所の1/3に抵抗が減少します。この計算を基に必要本数の当たりをつけて予備分をプラスすれば手配すべき本数を決定できます。

ただし、地面の中の地盤や地層が複雑なケースもよくあります。複数の地点でデータを取って万全の状態で臨むようにしましょう。

接地抵抗低減剤ってなに？

接地抵抗低減剤は、接地極や接地線の周りに散布または注入することで、土壌の導電性を高め、接地抵抗を低減させる役割を果たします。以下のようなケースでは、接地抵抗低減剤の使用を検討することがあります。

- 新規の接地工事で、土壌が乾燥していて接地抵抗が高い場合
- 既存の接地工事で、経年劣化や地盤沈下により接地抵抗が上がってしまった場合
- 砂地や岩盤など、接地抵抗が高い土壌条件下での接地工事

接地抵抗低減剤は、一般的に粉末状または液体状のものが用いられます。使用方法は製品によって異なりますが、粉末状の場合は接地極周辺に穴を掘って散布します。液体の場合は接地極周辺に注入するのが一般的です。

適切な量を使用することで、接地抵抗を大幅に低減することができます。ただし、低減剤の効果は一時的なものですので、定期的な補充が不可欠です。また、土壌の種類によっては効果が薄かったり、環境負荷が高かったりする場合もあるため、使用する際は、十分な注意が求められます。

15 接地抵抗を測定する

接地抵抗測定を実施

施工を行いながら目的の接地抵抗値になったかを確認します。

接地抵抗測定には**簡易法**(2極法)と**精密法**(3極法)という測定方法があります。ここではよりスタンダードな3極法を用いた測定方法について解説します。

3極法で測定できる接地抵抗計には3つの端子が設けられています。端子にはそれぞれE、P、C

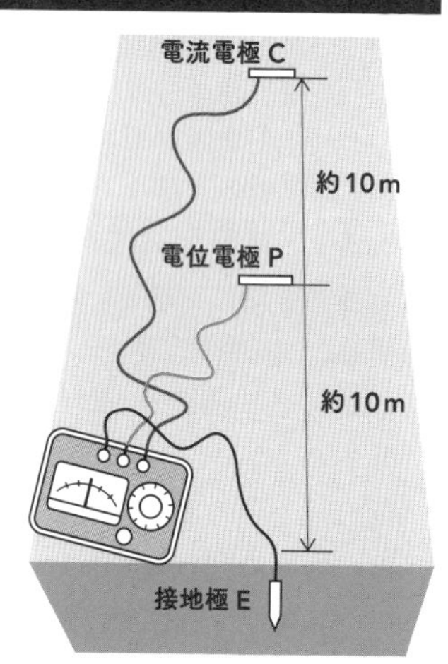

▲ 接地極の設置ポイント

の極があります。

Eは地面、地中などを意味する英単語Earthの頭文字で、測定対象となる接地極と接続します。

Pは電位を意味するPotentialの頭文字でE極とP極の間に発生する電位差を測定するために使用します。

Cは電流を意味するCurrentの頭文字でC極からE極に向けて電流を流す役割を担います。

電圧測定用に必要なP極の補助接地棒と電流を地中に流すために必要なC極の補助接地棒は、E極と接続されている測定対象からP極、C極の順に一直線上にそれぞれを5〜10m程度離して配置するのが理想です。

測定の手順

測定前に接地抵抗計のバッテリーのチェックを行います(初歩的なミスですが、バッテリー切れはよくあることなので必ず確認しましょう)。

次に、測定対象となる接地極に接続されているリード線と接地抵抗計に付属している測定用電線(緑色の場合が多い)を接続します。

P極とE極にもそれぞれ測定用電線(P極は黄色、C極は赤色の場合が多い)を接続します。E極から直線状に測定用電線を延線します。測定器に付属している電線であれば10m程度に設定されているので測定しなくてもおおよその距離が把握できます。

E極から10mほど離れた位置にP極の補助接地棒を、さらに10mほど離れた位置にC極の補助接地棒を打ち込み、それぞれ測定用電線と接続します。接地抵抗計のP極とC極に測定用電線を接続したら、**地電圧**(地中に発生する電圧)を測定します。

地電圧が測定可能な範囲であることを確認したら接地抵抗の測定を行います。機器やメーカーによって測定方法が異なることもあるのでメーカーの操作説明書をしっかり確認してください。

16 電力会社から電気の供給を受ける！——引込み工事

PASとUGS

基礎工事の工程では電力会社の配電線から電気を引き込む**引込線**を敷設するための工事を行います。

高圧受電の場合、建物の電気は、電柱や共同溝などに配線された電力会社の配電線を**PAS**（気中負荷開閉器、Pole Air Switch、Pole mounted Air Switch）や**UGS**（地中線用負荷開閉器、Underground Gas Switch）と呼ばれる開閉器を経由して**構内**（敷地内）に引き込んで、受変電設備で低圧に変換して各電気機器に供給します。

PAS、UGSなどの開閉器を中心にして敷地の内側を二次側、配電線側を一次側といいます。内線工事において電気工事業者が工事を行うのは基本的には二次側になります。一次側は電力会社が工事を行います（例外もあり）。

敷地の広い場合はコスト削減などの観点からPASによって架空引込みが行われるほうが多いようです。PASは電柱に設置されることから敷地内に引込柱（1号柱という コラム2 参照）を建柱します。

一方、設置スペースの関係で1号柱を建てることが難しい場合や**無電柱化**の推進により地中配電が行われている地域などでは、地中引込みが行われます。その際に、敷地内の金属製のキャビネットに収めて用いられる開閉器がUGSです。

本書では、点検が容易で雷害などの被害を受けにくいことにより、**BCP**（事業継続計画）の観点から採用が進んでいるUGSを用いた場合を想定して、これに関わる工事なども解説することにしましょう。

▲PAS[8)]

▲UGS[8)]

PASとUGSの役割

PASとUGSは、高圧で受電を行う需要家の電気設備と電力会社の配電線の接続点（受電点）に設置される高圧電路の区分開閉器です。

区分開閉器には、電力会社と需要家の保安上の責任を区分する**責任分界点**の役割があります。この責任分界点より電力会社側の設備は、電力会社の責任のもと管理を行います。同様に、需要家側の設備は需要家の責任のもと管理を行います。事故が発生したときの責任は管理側が負う必要があります。

また、最近では**GR**(地絡継電器、Ground Relay)付きPASやUGSが一般的に採用されるようになりました。地絡継電器は地絡保護機能があり、地絡事故が起きた際には電路を遮断して波及事故を防ぎます。

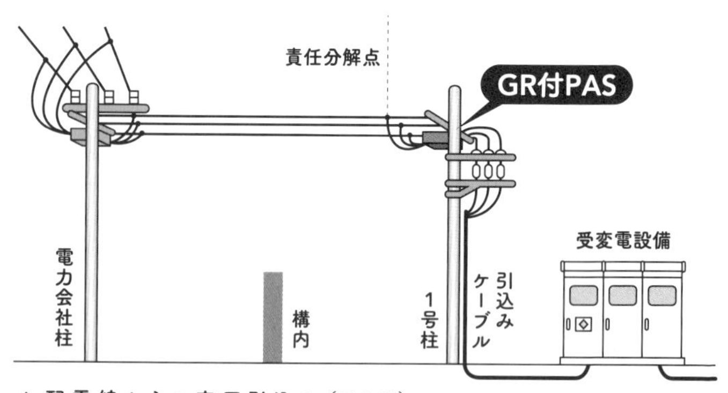

▲ 配電線からの高圧引込み（PAS）

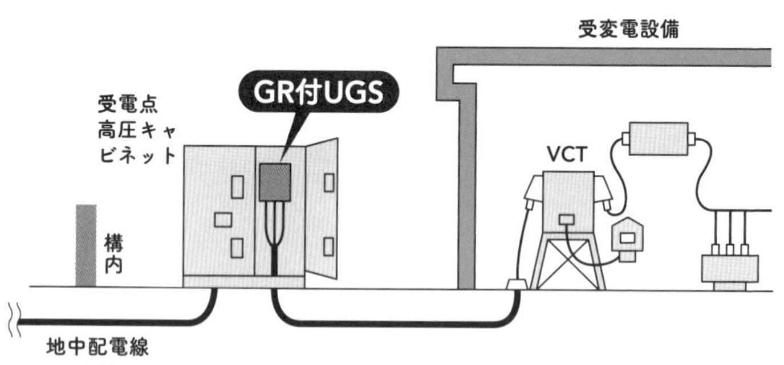

▲ 配電線からの高圧引込み（UGS）

コラム｜2 1号柱の建柱

現在における建柱作業はポールセッター(穴掘建柱車)という車両を使用することが一般的です。

電柱は長さに応じて**根入れ深さ**(埋める深さ)が異なります。全長15m以下の電柱は、全長の1/6以上、15mを超える場合は2.5m以上の根入れ深さが必要となります。根入れが深いほど電柱の安定性は増しますが、電柱に配線する電線の地表面からの高さには道路横断部で6m以上、鉄道・軌道の横断部では5.5m以上などの規定があり、これを下回らないようにしなくてはなりません。

電柱の安定性が確保できない場合は、電柱の底部付近に支持材の**根かせ**を取り付けてから根入れを行います。また、地盤が弱く架空配線による張力で電柱が傾いてしまう場合は、張力がかかる方向と反対の方向に向かって支線を張ります。支線には鋼製のワイヤーが用いられ、大地側の端部にはアンカーを接続して地中に埋設します。支線への漏電による感電などの事故を防止するため、地表2.5m以上の高さに**玉がいし**(陶製の絶縁用部材)を設置して、玉がいしより上部の支線と下部の支線を電気的に切り離します。

このほかに、電柱には機器や配線を支えるための腕金(うでがね)やがいしなどを取り付ける必要があります。これらの作業は装柱作業と呼ばれます。

▲1号柱の建柱[7)]

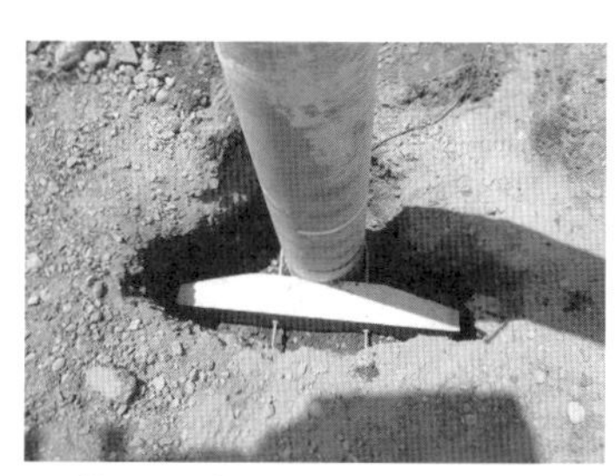

▲根かせ[9)]

埋設 土被り 転圧

17 引込み用 地中埋設管工事

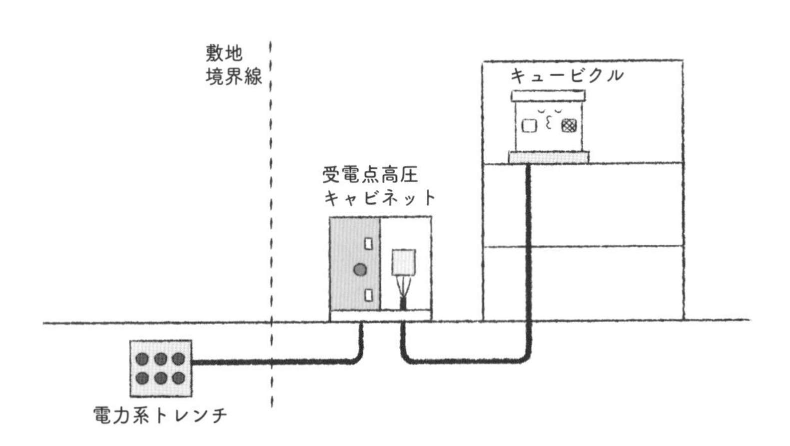

配管の掘削深さ

配管には、金属管に絶縁コーティングを施した**ライニング管**や**波付硬質合成樹脂管(FEP)**などが用いられます。

埋設の深さは、竣工後に車両などが通る場所では土被り(どかぶ)(配管の上端から地上まで)1.2 m以上、車両などが通らない場所では0.6 m以上が一般的です。掘削溝の深さは土被り＋管径＋α(敷砂分)で計算します。1.2 mや0.6 mで掘削してしまうと、ケーブルや**敷砂**の体積分の土被りが足りなくなってしまうため注意が必要です。

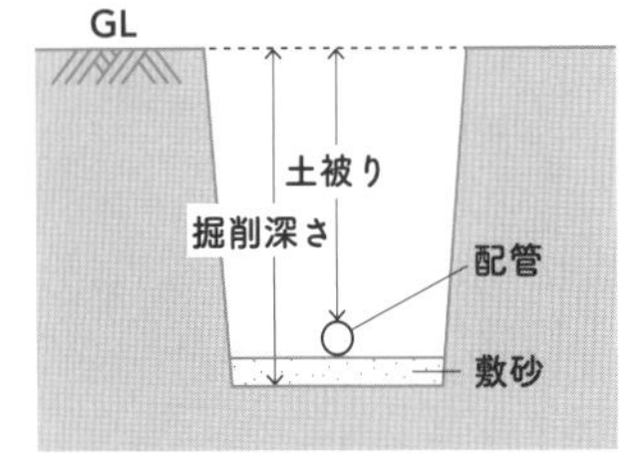

▲ 配管の掘削深さ

▲引込み用地中埋設管[10)]

既定の深さで掘削ができたら、掘削溝の底面に転圧を行います。転圧は人力で行う場合は**転圧タンパー**などを使って行います。掘削溝に機械が入る場合は**ランマー**や**プレートコンパクター**などで行います。

▲転圧タンパー[11)]　▲ランマー[12)]　▲プレートコンパクター[12)]

コラム|3 埋設物にご用心

新築の場合は埋設物がないことがわかっているため、ほとんどの箇所を重機で掘削が行えます。しかしリニューアル工事などの場合は埋設物が図面どおりにあるとは限りません。そのため必ず人力で試掘を行ってから重機で掘削しましょう。

〈穴を掘るのはシャベルかスコップか〉

シャベルとスコップ※の違いを意識したことがある人はあまりいないかもしれません。シャベルは穴を掘るための道具で、スコップは「土をすくって運搬する」ために使用する道具です。

▲ シャベル　▲ スコップ

※シャベル(Shovel)は英語、スコップ(Schop)はオランダ語に由来し、JIS規格では、柄が取り付けられている部分が直線か曲線か(足がかけられるか否か)で分けられています。

18 配管の埋設時の保護

なぜ敷砂が必要なのか

掘削溝底面の転圧が終わったら、厚さ50〜150mm程度まで**敷砂**を敷いて、さらに転圧を行ってから配管を敷設します（仕様によっては砂の下に水はけをよくするための砕石を敷く場合もあり）。

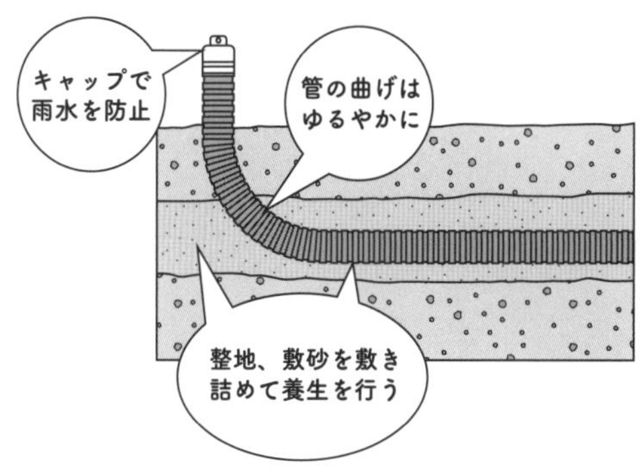

▲ 配管の養生 *4

土ではなく敷砂を使用する理由は石などが混ざった土で埋め戻してしまうと、転圧の際に配管を痛めてしまうおそれがあるためです。

配管時には管端にキャップなどを取り付けて、管内に砂や土が混入しないようにしましょう。

更新工事のための埋設シート

敷砂を敷いて配管の敷設が完了したら、残りは土で埋戻しを行います。規定の半分の土被り厚まで埋め戻して、**埋設標識シート**(埋設シート)を敷設します。

埋設シートは、掘削溝を埋め戻したあとに、配管が埋設されているのかを確認するために使用します。更新工事などで掘削を行う際は、既設の埋設シートがないことを確認しながら慎重に作業を進めます。

埋設シートは風であおられやすいため、すべてを敷設せずに部分的に土を撒いてシートを押さえながら作業を行います。

埋設シートの敷設後は再度、土での埋戻しと転圧を行い配管作業は完了です。埋戻し作業はこのように数回に分けて転圧を行います。転圧が不十分だと地中の水分変化や微振動により管路上の地面が陥没してしまうことがあります。十分に転圧を行うようにしましょう。

▲ 埋設標識シートの敷設[7)]

引込口　スリーブ　ボイド管

引込線などの通路をつくる——地中梁スリーブ工事

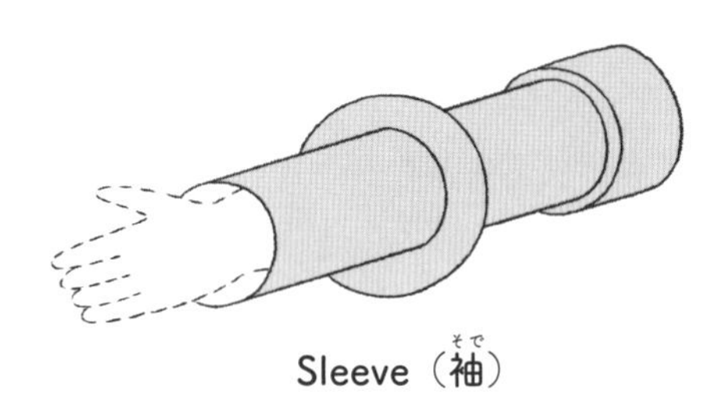

Sleeve（袖）

スリーブ工事の目的

引込線などケーブルの建物内への**引込口**や、建物内の梁の中の配線や配管ルートをつくるために行われるのがスリーブ工事です。

建物外部から引き込むケーブルは地中梁の開口部から**電気用パイプシャフト（EPS）**という配線、配管用スペースを通って受変電設備へと延線されます。

引込みや延線の際に壁などへの開口作業を簡略化するために、配管ルートに**スリーブ**という部材をコンクリートの打設前に鉄筋に設置します。

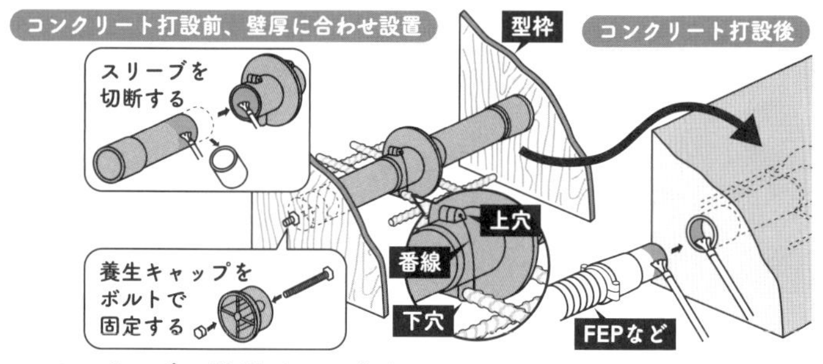

▲ スリーブの設置イメージ*5

コンクリートの打設前に設置されたスリーブは、単なる筒のように見えます。それが鉄筋のなかに流し込んだコンクリートが固まって型枠を撤去すると貫通孔ができるのです。

地中梁のスリーブには一般的に塩化ビニル製や防水鋳鉄製、鋼管製のものが用いられます。外壁面では浸水を防ぐため、筒の途中にツバがついたものが多く用いられます。一方、壁などでは紙製のボイド管も使用されます。

（a）樹脂製つば付スリーブ（地中梁用貫通スリーブ）

（b）ボイド管（貫通穴あけ用）

▲ RC造で主に使用するスリーブ[13)]

20 スリーブの固定

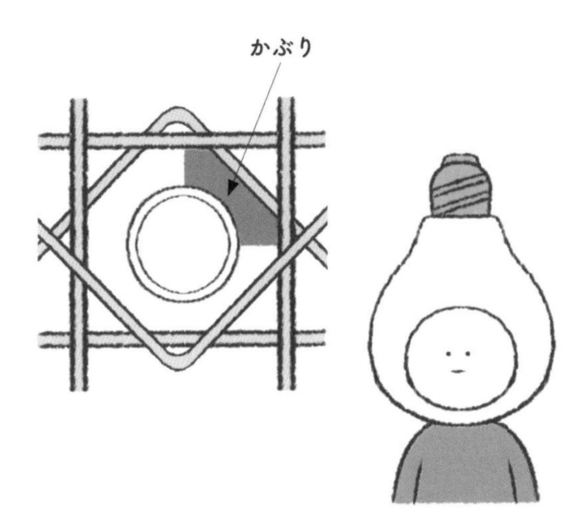

スリーブの設置ルール

地中梁鉄筋が組まれる前段階で、該当箇所の捨てコンクリート上に基準となる墨出しを建築工事側が行います。この墨を基に鉄筋工はスリーブが設置される予定箇所を避けて配筋を行います。

鉄筋が組み上がったらスリーブの施工箇所に該当する捨てコンクリートの上に水平器などを使って正確に墨を出します。

現場監督者は建物の強度を確保できるようにルールを守って位置を決めなくてはなりません。その一般的なルールを以下にまとめてみましょう。

- スリーブのサイズは、**梁せい**(梁の縦の長さ)の1/3以下とする
- スリーブは梁せい(梁の下面から上面までの高さ)中心付近に設置し、スリーブの下端から梁下端までの距離は梁せいの1/3以上とする
- スリーブは柱面から梁せいの1.5倍以上離す
- 同じ梁にスリーブを複数本ならべて設置する場合は、スリーブどうしの中心間隔を、設置されるスリーブ径の平均値の3倍以上とする

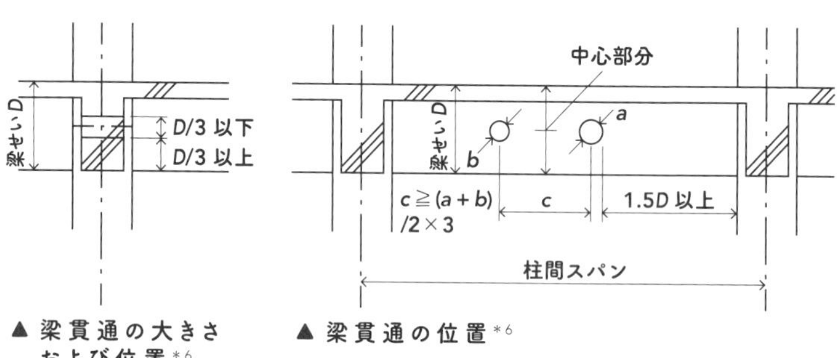

▲ 梁貫通の大きさおよび位置*6　▲ 梁貫通の位置*6

これらを踏まえて図面を作成し、承認を得る必要があります。他の設備との**取り合い**(兼ね合い)も考慮して早めの検討が肝要です。

添筋とスリーブの設置

墨出し後は、スリーブを支えるために建物用鉄筋として用いられている**異形鉄筋**(いけい)やめっき加工された**全ねじボルト**(寸切りボルト)などを添筋として使用して、**結束線**と**ハッカー**と呼ばれる結束用の工具を使って墨に合わせて結束します。

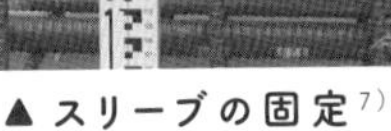
▲スリーブの固定[7)]

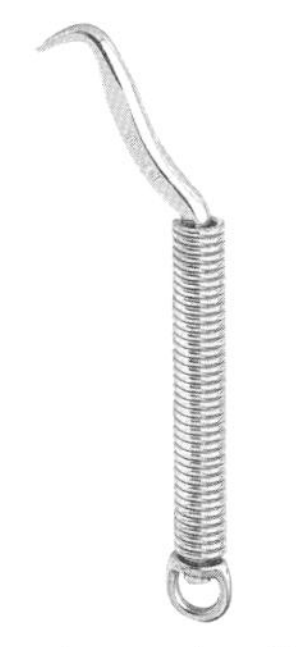
▲ハッカー[13)]

添筋を組んだらスリーブを仮置きします。そしてスリーブが水平になるように添筋の位置を微調整します。

スリーブの固定ができたら、スリーブに補強筋を取り付けます。スリーブの両端はコンクリートが浸入しないよう固定前にガムテープなどでふさぎ、止水リング(止水材)なども取り付けておきましょう。

▲コンクリート打設前の地中梁スリーブ[7)]

コラム 4 「かぶり厚さ」を確保セヨ

コンクリートの打設において重要なのが**かぶり厚さ**の確保です。かぶり厚さとはコンクリート表面から鉄筋表面までの厚さ、およびスリーブ表面から鉄筋表面までの厚さ（スリーブ箇所は外部に接しているとみなします）を意味します。かぶり厚さが規定以下の場合は、コンクリート内部に**空隙**（くうげき）（**ジャンカ**）が生じる危険や、鉄筋がさびて建物の強度が低下するおそれがあります。特にスリーブ周辺は鉄筋が集中するためコンクリートを充填しにくい箇所になっています。

そこでバイブレーター（振動機）を使って骨材（砂、砕石）が均等に分散するように生コンクリートに振動を与え、気泡を完全に抜くことが重要です。

打設時には、ホースから噴出する生コンクリートが、埋設物を押し流してしまわないように注意が必要です。スリーブ等の埋設物はバイブレーターの振動や打設の圧力に耐えられるように、しっかりと固定を行いましょう。

▲ 鉄筋が集中するスリーブ周辺[1)]

▲ ジャンカ[1)]

21 配管に気をつけて！——コンクリート打設の注意点

相番をすべし

スリーブが設置されたら鉄筋の周囲に型枠が組まれ、コンクリートの打設（⑦：コンクリート打設の手順 参照）が行われます。コンクリート工は、型枠内にコンクリートを複数回に分けて充填させます。それでも型枠の端部や鉄筋が密集する箇所は充填しにくいためバイブレーターなどでコンクリートをならします。固定したスリーブ

▲相番の様子[5)]

にずれや脱落が発生するケースがあります。こうしたトラブルを見逃さないためにも、コンクリートの打設には**相番**(あいばん)(立会い)で確認を行いましょう。

貫通状態の確認

型枠撤去後はスリーブの開口部が露出しているか確認を行いましょう。露出していない場合はスリーブ端の表面を覆っているコンクリートを砕いて開口部を露出させます。併せてスリーブ内にコンクリートが浸入していないかも確認します。

スリーブの貫通が確認できたらスリーブ内に配管を通して引込みの配管と接続します。スリーブ開口部の配管周りには、建物内への浸水を防ぐため止水処理を行い、モルタルで仕上げを行います。

セメント、モルタル、コンクリート、何が違うの?

セメントは、石灰石と粘土を高温で焼成して作られる粉末状の材料で、水と反応して硬化する性質を持っています。

モルタルは、セメントと砂、水を混ぜた建築材料でセメントと水を混ぜたものよりも硬化後の強度が高く、電気工事では、躯体の配管貫通部にできた空隙への充填や、外路灯の基礎の表面仕上げに使うことが多い材料です。

コンクリートは、セメントと砂、砂利または砕石、水を混ぜた建築材料で、モルタルよりも強度が高く、躯体や基礎など、建物の主要な構造体の材料として用いられます。

セメントに混ぜる砂や砕石は「骨材」と呼ばれます。モルタルとコンクリートの違いは、骨材の違いということができます。

22 記録を残そう

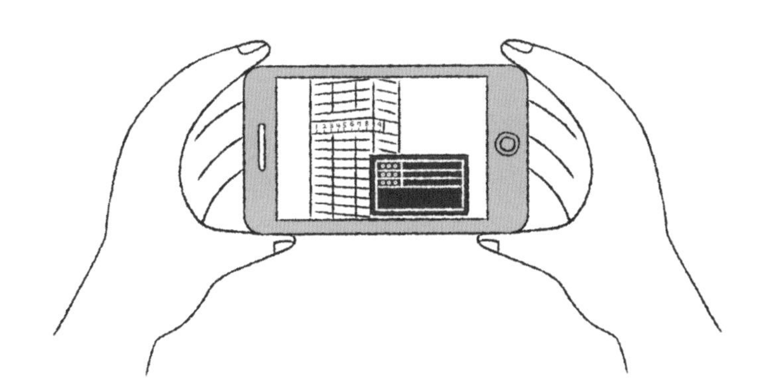

現場写真の撮影のタイミング

埋設管は、埋戻しが終わってしまうと施工状況がわからなくなってしまいます。このように、工事後に状況の確認が困難となるケースが電気工事には多く存在します。そのため監督者は、適正な工事が行われているかに関して記録を残すために、材料の種類、材質、寸法、施工、測定値などの**工事写真**を撮影します。なお、工事写真は埋設管工事だけでなく、あらゆる工程で記録を残すために行います。1つの現場で数万点になることも珍しくないため、写真整理もしっかりと行いましょう。

〈基礎工事における写真撮影のタイミング例〉（⑰⑱参照）

- 掘削の状況
- 掘削溝の底面深さ（GL※から底面）
- 敷砂上端の高さ（GLから砂上端）
- 配管敷設状況
- 配管上端の高さ（GLから配管上端）
- 配管保護砂上端の高さ（GLから砂上端）
- 埋設シート敷設高さ（GLからシート敷設端）
- 埋設シート敷設状況
- 施工後の状況

※GL（Ground Level）：基準となる地表面の高さ

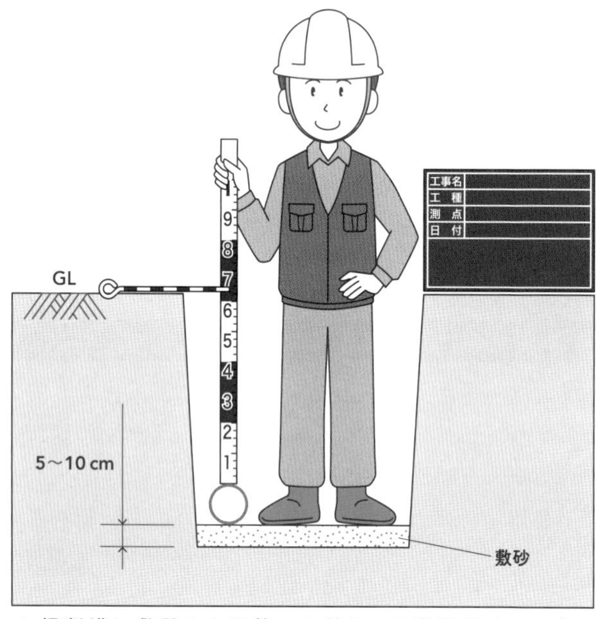

▲ 掘削溝に敷設した配管の土被りの工事写真イメージ

Chapter

4 躯体工事における電気工事の仕事

床、壁、天井などの躯体はケーブルの配線ルートでもあります。床や壁に管路を設けるたびにコンクリートを開口していては非効率です。そこで、前章⑲で説明したように、コンクリートの打設前にスリーブを設置してケーブルや配管のルートを確保します。さらに天井(スラブ)には、照明や空調の設置に使用する全ねじボルトの固定に用いるインサートを型枠に取り付けます。躯体工事では、このインサートなどを活用した電気工事が発生します。

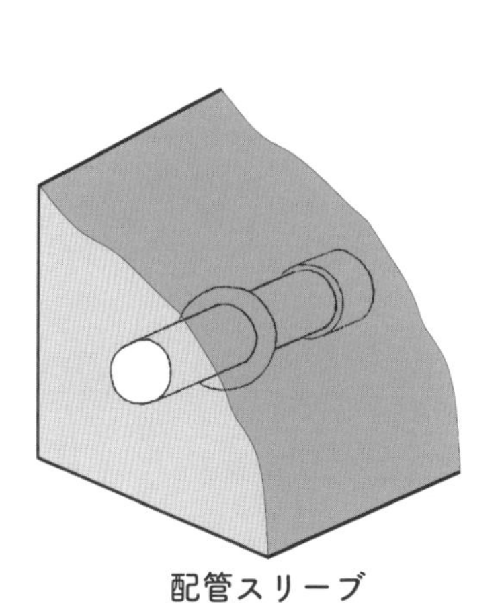

配管スリーブ

23 床下に配線する——土間配管工事

土間配管とスラブ配管の違い

地中梁のスリーブ工事が終わったら1階の躯体の「床の中」に配管を設置します。土間配管は躯体の壁や柱など比較的低い位置に設置されるコンセントなどへ配線するための管路となります。RC造の建物は各階の床や天井、屋根などのスラブによって区切られる構造になっています。例えば2階の床スラブは1階からみると1階の躯体天井という

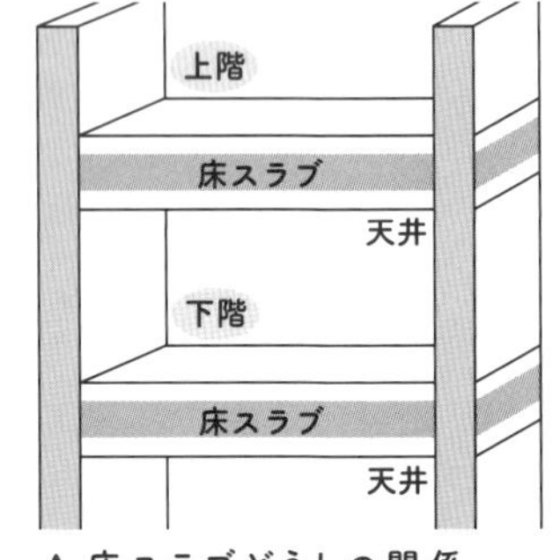

▲ 床スラブどうしの関係

位置づけになっています。

そのため、この工事のすべてを**スラブ配管**と表現することが多いのですが、本書では、建物の完成に向かって工事の解説を行っているため、他の階の工事と区別するために1階床への配管工事を**土間配管工事**と呼んでいます。多少ローカルな用語ですが、現場で使っていただいても問題ありません。

▲ 土間配管[19)]

土間配管のルールを押さえよう

土間配管には、さまざまなルールがあります。詳細は現場によって異なりますが、下記を参考に現場ごとのルールを確認してみましょう。

- **使用する電線管は呼び径※28 mm以下で、かつスラブ厚の1/4以下とする**（実際には呼び径22mm以下とすることが多い）
- **電線管の支持は1 m以内のピッチで行う**
- **ボックスや電線管どうしの接続部は接続箇所から300mm以内で支持を行う**
- **配管は蛇行せず直線に行う**
- **電線管の内径の6倍以上を曲げ半径として、90度以上に屈曲させない**

- 電線管どうしの交差や密集は極力減らす
- 複数の電線管を並行して配管する場合は電線管どうしの間隔を30mm以上あける
- 鉄筋と並行する電線管は鉄筋から30mm以上離して配管する
- 梁から500mmの範囲内には梁と並行する配管を設けない
- 配管の亘長（こうちょう）、30m以内にボックスを設ける
- 1区間の屈曲は4カ所以内とし屈曲角度の合計は270度以内とする
- スラブ内で梁上の横断にかかる配管は1 000mm以内の距離で行う
- 重量物設置箇所、開口部付近、パイプシャフトには配管しない
- 配管立ち上げ部の管端はゴミやコンクリートが入らないように養生しておく

※**呼び径**：ボルトやパイプの外径または内径を表す呼称で、実際の径とは異なる数字です。

管端の養生

スラブ（土間）配管工事では、コンクリートスラブに埋設される電気配管を保護するために養生が重要です。特に、生コンを打設する際に配管の中にコンクリートが流入しないように、管端に適切な養生（保護）を施す必要があります。

〈保護カバー、保護キャップを用いた養生〉

- 配管の立ち上げ部に、プラスチック製やゴム製の保護カバーを設置します。
- カバーは配管種類や直径に合ったものを選び、しっかりと固定することが重要です。

〈テープによる養生〉

- 保護カバーがない場合、防水性や耐候性のあるテープ（ガムテープなど）を使用して配管の立ち上げ部を巻く方法もあります。
- 生コンが流入しないように、隙間（すきま）なくしっかり巻きつけます。

CD管　ハッカー　結束線

24 土間配管工事の流れ

作業時の結束線の緩みや切断に注意

配管作業は墨出しから始めます。墨はボックスの位置、配管の立ち上げ位置、配管の屈曲位置などがわかるように行います。鉄筋の上を歩きながらの作業になりますので、鉄筋の上に敷き網などを設置して養生を行うことが望ましいでしょう。養生を行わない場合は、体重で鉄筋を捕縛している結束線が緩んだり、切れたりしないように気をつけて歩きます。

▲スラブ配筋上の敷き網（メッシュロード）*7

次にボックス類を取り付け、ボックスと**配管立ち上げ部**の間に配管を行います。

使用する配管

コンクリートへの埋設配管には可とう性のあるCD管やPF管といった合成樹脂電線管が用いられます。スリーブと同様に躯体のコンクリートに埋め込むので適切な配管を行わないと躯体の強度を弱めてしまうおそれがあります。

スラブ配筋が二重配筋(ダブル配筋)の場合は上筋と下筋の間、単層配筋(シングル配筋)の場合は鉄筋の下に配管を行います。配管の支持は電線管と交差する鉄筋にハッカーを使って結束線で固定します。

▲ 配管を固定する[1)]

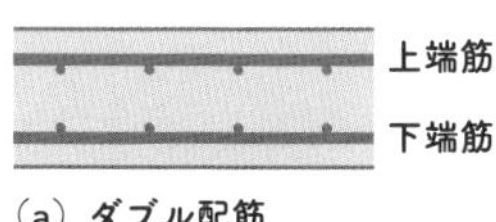

(a) ダブル配筋

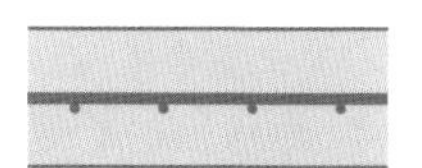

(b) シングル配筋

▲ スラブ鉄筋の配置

配管と鉄筋の結束時の注意点

コンクリート打設前に配管と鉄筋を結束します。その際のポイントは、結束線の余長を鉄筋の内側に向けることです(コンクリート硬化後に表面への飛び出しを防止するため)。

最後に、立ち上げ部分の配管を支持します。支持には、配管支持用金物を使う方法や、鉄筋を曲げて支持物を作製する方法、配管立ち上げ用の支持鉄線などを使う方法があります。いずれの場合も配管の先端(管端)には管内に異物が入り込まないよう、しっかりと養生を行いましょう。

▲配管の立ち上がりをつくる[1]

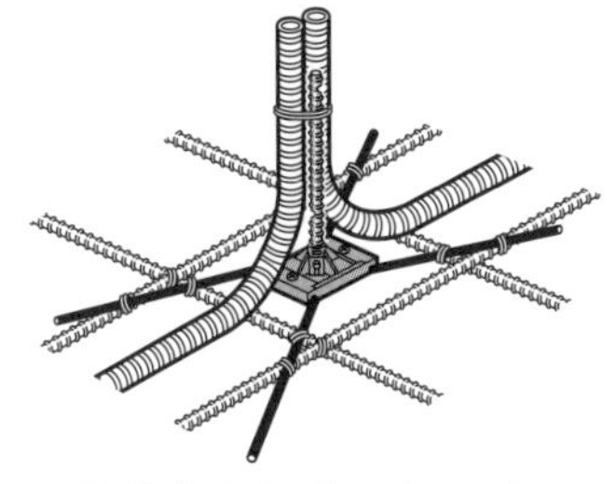

▲配管立ち上げサポートを使用[13]

ここでも相番が重要！

配管が終わるとスラブにコンクリートが打設されます。コンクリートの打設には**相番**(立会い)をして配管が押しつぶされたり、流されたりしないように確認します。もし、配管類の潰れや流れが発生した場合は、その場で復旧しましょう。

コンクリートが硬化したあとに電線が通線できないなどの施工に支障のある不具合が懸念される場合、不具合箇所を発見するために、予想される範囲を大きく**はつる**(削る)ことになります。

不具合が生じた場合は、コンクリート内から配管を引き出して切断し新しい電線管へと交換します。さらにコンクリートの再打設が必要となるため、かなりの時間を要します。また、このような大規模な手直しは建物の強度に影響を与えてしまう危険があります。事前に構造担当者との協議のうえ許可を得る必要があるため工期への影響が大きくなります。

こうした不具合を予防するためにも、監督者は事前に現場の施工ルール(仕様)に則った配管ルートを検討し、施工図を作成しておきましょう。特に盤周りなど、配管の集中が避けられない箇所があれば、建築担当者と協議を行い、承認の得られる方法を検討しなければなりません。

また、コンクリートの打設後は配管の確認が難しいため、配管の支持ピッチや配管どうしの間隔など、ポイントとなる箇所の写真を必ず撮影しておきましょう。

コラム 5 はつり作業

建築工事において既存のコンクリートやタイルなどを破壊・除去する作業を指し、多くはリフォームや建て替え、構造体の改修時に行われます。騒音や振動、粉じんを大量に発生させるため、作業を行う際には周囲への配慮が必要です。

〈作業の注意点〉

安全対策：作業者は適切な保護具（ヘルメット、安全靴、防じんマスク、耳栓など p. 137 参照）を着用します。また、必要に応じて作業区域を柵やシートで囲い、不要な人員の立入を制限します。

騒音対策：騒音の影響を最小限に抑えるため、防音シートの使用や作業時間の調整を行います。

粉じん対策：対象を水で湿らせる、集じん機で吸引するなど、粉じんが周囲に飛散するのを防ぐための対策を行います。

〈作業のコツ〉

- たがねとハンマーを使って手で行うこともできますが、はつる範囲が広い場合は電動ハンマー（電動ピック）を使用します。作業内容に応じて適切なたがねやアタッチメントを選ぶことが重要です。

▲ はつり作業[1]

- 1カ所を集中して行うのではなく、広範囲にわたってはつりを進めるよう心がけます。また、はつり片を適切に処理することで、作業スペースを確保し効率を上げることができます。

はつり作業は単に力任せに行うよりも、計画的かつ戦略的に進めることで、効率よく安全に作業を進めることができます。

25 壁の中に電路をつくる——建込み工事

コンセントやスイッチなどの工事の準備

スラブのコンクリートが硬化したら、建築の工程は壁や柱の型枠や鉄筋を組む工事に移ります。躯体壁の外側の型枠ができ上がり、壁の鉄筋、柱の鉄筋が組まれたら、コンセントやスイッチなどのボックスの取付けと配管を行います。この工事は**建込み**工事と呼ばれます。

※**建込み**：縦の部材を所定の位置に取り付けること。石膏ボードを張り付ける前に、壁に埋め込むスイッチやコンセントの配管ボックスを取り付けることも指します。

工事の流れ

建込み工事はボックス取付け位置の墨出しから始めます。ボックス取付け箇所のスラブ上に、取付け位置と高さ、用途(コンセント用など)を記します。

スラブ上の墨をもとに所定の位置にボックスを取り付けます。ボックスにはあらかじめ配管を接続するための**ボックスコネクター**を取り付けておくと、その後の作業がスムーズになります。

▲スイッチボックスの設置[1)]

ボックスには合成樹脂製のボックスが多く使われています。これに**スタットバー**という太い針金状の部材を組み合わせて、鉄筋にボックスを固定します。

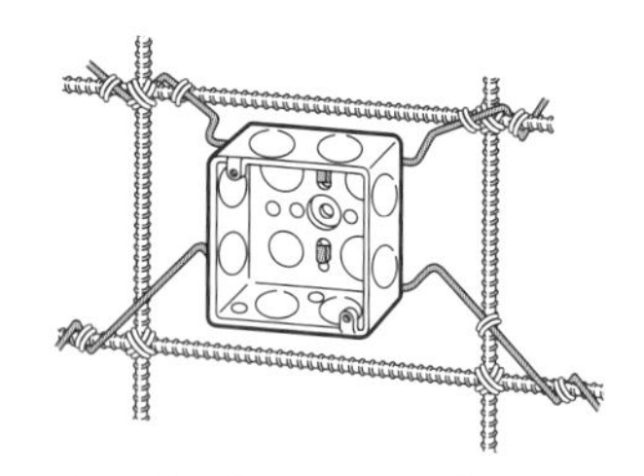
▲スタットバーでのボックス取付け[13)]

施工時のポイント

ボックスを壁の内側に入れ過ぎると埋没することがあり型枠を外したあとに発見できなくなるおそれがあります。そのため躯体壁の仕上がり位置と、内装仕上げ後の壁表面の仕上がり位置を確認して、正しい位置に取り付けましょう。仕上がり位置は**鉄筋スペーサー**の面(端部)に合わせて設定します。鉄筋スペーサーとは、

▲ 樹脂製スペーサーとボックス[1)]

鉄筋と型枠の間に所定の空間(かぶりという　コラム4 参照)を確保するために鉄筋に取り付けられる部材です。

　また、建込み配管も土間配管と同様、ボックス内にコンクリートが侵入しないようにボックスの開口部はテープなどで確実に養生を行います。

　そのほかの注意点として配管の**横走り**(横引き)はコンクリートの重量を受けやすいため好ましくありません。現場の施工ルールをよく確認して配管ルートを決定しましょう。施工写真の撮影も忘れずに！

全ねじボルト　二重天井　ケーブルラック

26 照明や空調を吊るす——インサートの設置

インサートの役割

躯体壁の型枠鉄筋作業と並行して上階スラブと梁の型枠工事が行われます。上階スラブと梁の型枠ができたら鉄筋が組まれる前に**インサート**の施工を行います（⑨：天井をつくる 参照）。

インサートは、躯体完成後に照明器具やケーブルラックなどを階下天井の躯体から吊り下げるために使われる全ねじボルト（寸切りボルト）を躯体に取り付けるための受け金具です。

▲ インサート[13]

インサートの施工方法

施工図を確認し、取付け位置に墨を出して、インサートを型枠に直接、ハンマーで取り付けます。型枠撤去後はインサートのボルト孔のある面が躯体表面に露出します。

梁の鉄筋が組み上がり、コンクリートを打設する前にインサートの取付けの不備、不具合を確認します。施工図どおりの施工ができていれば、そのままコンクリートの打設を待ちます。

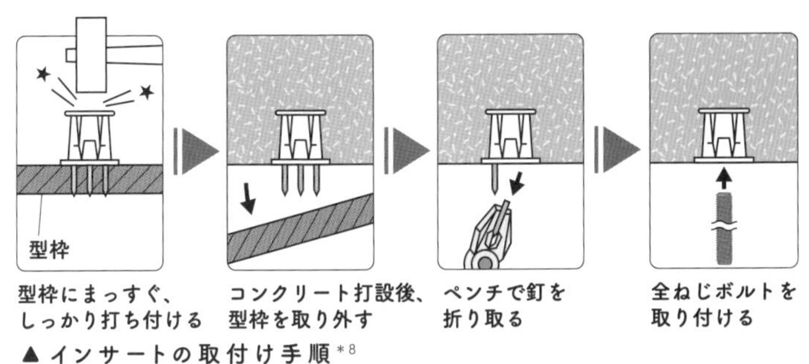

▲インサートの取付け手順*8

インサートの色に注意しよう

インサートは、電気工事は赤、建築工事は黄色など、業種によって使用する色が分けられています。色分けは現場によって異なるので、監督者は事前に関係業者と協議を行いましょう。

監督者は、吊り下げる設備の重量、取付け面の仕上がりを確認して、適切なインサートを選定します。インサートの種類は、使用するケーブルラックおよび敷設されるケーブルの重量、打設場所、使用するボルトの太さに基づいて決定されます。また、他の配管や**二重天井**などと干渉しないよう**ケーブルラック**を敷設する高さの確認も行いましょう。

打設位置を示す施工図は、吊り下げる設備の支持ピッチ、空調配管などとの競合の有無を確認して作成します。

27 梁、柱に延線する ——スリーブ工事

梁落としと梁スリーブ

インサートの打設が終わると、スラブ型枠上で組んだ鉄筋の梁を型枠の中に落とし込む**梁落とし**が行われます。なぜ、梁落としが行われるかというと、梁の型枠はスラブに対して凹型に形成されているため、この狭い梁型枠の中で配筋を行うのは非常に困難です。そこで、スラブ型枠の上で梁を組んだあと、凹型の梁型枠内へ梁落としが行われるのです。

梁落とし後は鉄筋が密集した状態になるため**梁スリーブ**を入れられなくなってしまいます。そこで、梁落としの前に梁スリーブを設置します。タイトなスケジュールのなかで行う作業なので、鉄筋作業の進捗状況の細かな確認と他業種との円滑なコミュニケーションが欠かせません。

このあと梁鉄筋を支えている単管パイプを抜いて梁型枠内に収める

▲ 梁スリーブと梁落とし[5)]

梁スリーブの長さに注意

梁スリーブの固定方法は地中梁スリーブと同様の方法(⑳参照)で行います。注意点は梁スリーブの「長さ」です。

梁の幅よりも長い梁スリーブを使用すると梁落としの際に鉄筋に挟まれて破損してしまいます。一方で短すぎると型枠の解体後に梁スリーブが見つけられなくなってしまいます。ですから、梁スリーブが適切な長さになるよう前もって準備を行います。管端はガムテープなどで養生するとともに、コンクリート打設でずれてしまわないように型枠に釘で固定します。

配線するケーブルが細く本数が少ない場合は、梁をまたいだスラブ配管で対応します。ただし、スラブ配管を使用できない屋上スラブでは、梁スリーブを使用します。

梁をまたいでスラブに配管

（a）上階床スラブ

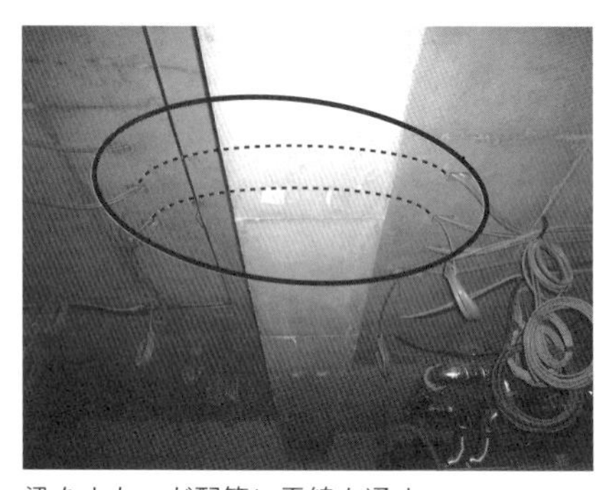

梁をまたいだ配管に電線を通す

（b）階下天井

▲ 梁またぎ[5)]

補強筋とスリーブ固定

スリーブを設置することで梁に穴を開けることになりますが、その部分の強度が落ちてしまうのを防ぐために用いられるのが補強筋です。補強筋はスリーブの周りに配置されて、スリーブが原因で生じる応力を分散させる働きをします。また、コンクリートを流し込むときにスリーブがずれないようにしっかり固定する役割も持っています。補強筋を適切に配置し、スリーブとしっかり結びつけることで、梁全体の強度を保ちながらスリーブの位置を安定させることができます。補強筋の配置と固定は、建築側にしっかりと確認して、正確に行うことが大切です。

28 天井内に管路をつくる——スラブ配管工事

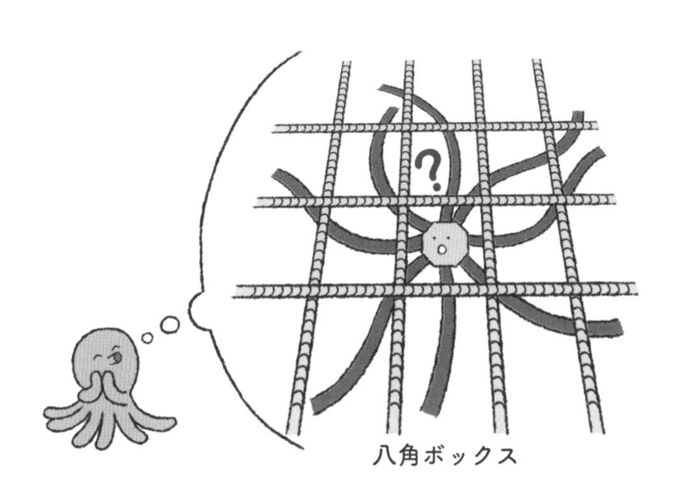

土間配管と似ているけれど……

梁落としが終わるとスラブの配筋が行われます。これに合わせてスラブ配管を行います。スラブ配管工事≒土間配管工事であることは、㉒で触れましたが、上階のスラブから階下天井に配線を行うための配管の設置を行う点と、上階へ配線を行うための配管を設置する点が異なります。

▲ スラブ配管[1)]

階下へ配線するために使用する**エンドキャップ**は、スラブ上から見て下向きに取り付けます(専用の部材を使用)。また、ボックスにはコンクリート用の**八角ボックス**が多く用いられます(土間配管工事でも同様)。

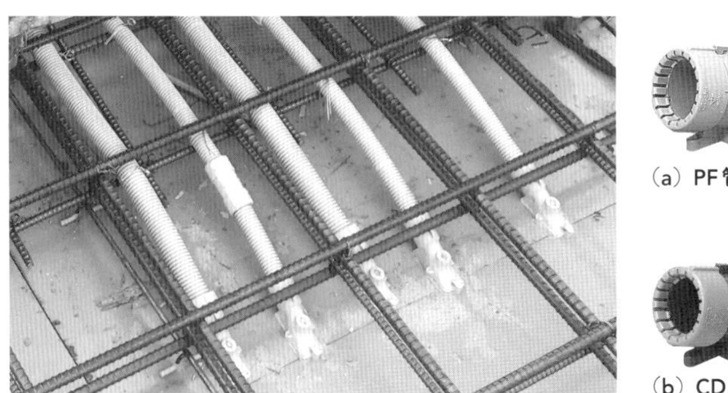

(a) PF管用

(b) CD管用

▲ エンドキャップ[13)]

▲ 八角コンクリートボックス[13)]

開口部用スリーブの設置

電気用パイプシャフト(**EPS**)部にスラブ貫通孔が必要な場合は、スリーブの取付けを行います。このときスラブを四角に開口する**箱抜き**を行うため、箱抜き開口用のスリーブをスラブに設置します。開口部には補強が必要になるため、事前に建築工、鉄筋工との打合せが重要です。

スラブ配管施工の注意点は土間配管工事と同様です(㉔参照)。現場の施工仕様の確認、配管ルートの事前検討、施工写真の撮影は忘れずに行いましょう。

▲ 床開口補強[1)]

29 たくさんのケーブルの延線を容易に——ケーブルラック

建物内にケーブルを効率よく延線する

躯体工事は大まかに、壁・柱・梁配筋型枠→スラブ配筋型枠→コンクリート打設→型枠撤去という工程を1フロアごとに繰り返します。電気工事もこの流れに合わせて、これまで解説した内容を繰り返します。

　ここからは、躯体工事が終わった箇所において電気工事を行う工程を解説します。主に電気工事業が携わる仕事なので詳細に解説していきた

▲ ケーブルラックの設置[1)]

いと思います。

まずは**ケーブルラック**の施工です。

ケーブルラックとは中空にケーブルを配線する経路をつくり出すために用いられるはしご状の部材です。大量のケーブルをラック上に並べて配線でき、施工性に優れています。一般の建物で目にする機会は少ないかと思いますが、駅のプラットホームなどの天井を見上げるとすぐに見つけることができます。

ケーブルラックの種類

ケーブルラックには、はしご形とトレー形があり、はしご形は大きくA形、B形、BS形に分けられます。一般的に水平敷設部分でケーブルラックに人が乗るおそれのない場合はA形、乗るおそれのある場合はB形。垂直敷設部分ではBS形を選定します。

ルート決定は早めに

ケーブルラックの敷設経路は他業種の配管経路と干渉し合う傾向があります。監督者はインサート打設前の段階でケーブルラックの施工について計画を立てる必要があります。早めにケーブルラックの敷設経路を決定し、インサートの打設位置や使用するインサートの種類を割り出して関係者と協議を行うようにしましょう。

ケーブルラックの特徴、各部の名称

はしご形は、はしごの支柱にあたる部分を親桁(おやげた)、踏み桟(ざん)にあたる部分を子桁(こげた)と呼びます。親桁の幅が広いほど敷設するケーブルの重量に対して強度が高くなります。

一般的に弱電線(LANケーブルなど)や電力用分電盤二次側の配線(VVFなど)には親桁の高さが70mm程度のものが用いられ、電力幹線には100mm程度のものが用いられます。

一般には、はしご形の採用が多いのですが、トレー形を採用するケースもあります。トレー形はケーブルラックの底面が板状になっており、放熱などを行うためのパンチング孔が空いています。敷設後にケーブルが露出しないため、安全性と意匠性に優れています。

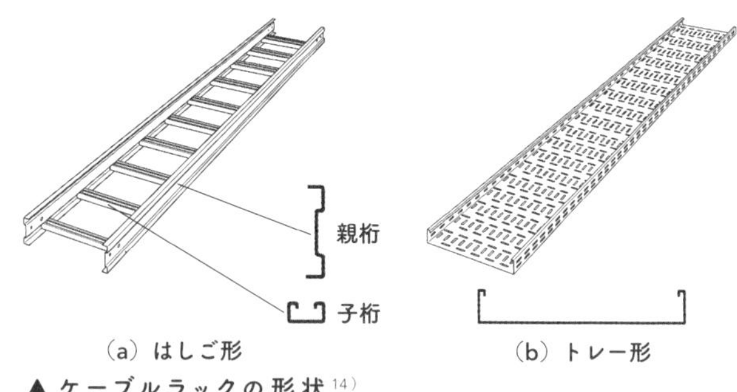

▲ ケーブルラックの形状[14)]

ケーブルラックには、さまざまな支持方法がありますが、はしご形ケーブルラックを**C型チャンネル**(リップ溝形鋼チャンネル)と全ねじボルトを組み合わせてブランコ状にした架台をケーブルラック敷設ルートに配置したのが下のボルト吊りの写真です。

ケーブルラック敷設の作業では、まずC型チャンネルの加工、全ねじボルトの切断、ラックの切断などの下準備を行います。ラックの固定などが完了したら、最後に全ねじボルトの余長を切断します。

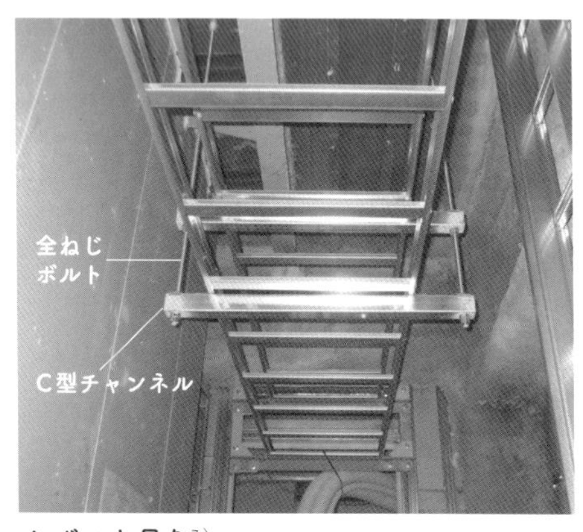

▲ ボルト吊り[7)]

接地　ノンボンド工法

キレイに延線、施工性もGood ——ケーブルラック工事

ケーブルラックどうしの接地

ケーブルラックは接地工事が必要なため、各ラックをボンド線（接地を行うための銅線）で接続する必要がありますが、省施工性の観点から近年では**ノンボンド工法**の採用が増えています。

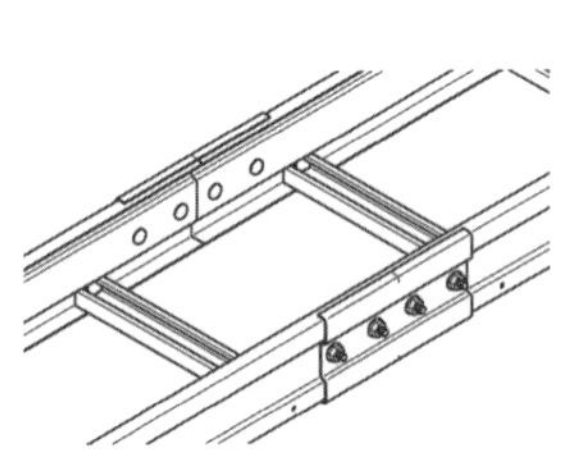

▲ 横引き専用継ぎ金具[14)]
※ともにノンボンドタイプ

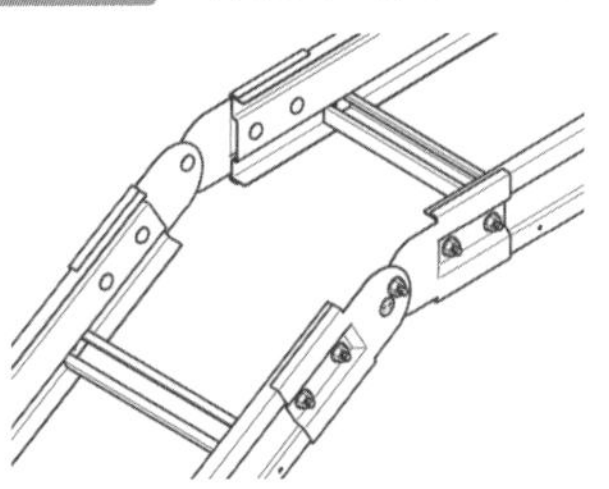

▲ 上下自在継ぎ金具[14)]

ノンボンド工法におけるケーブルラックどうしの電気的な接続は、専用の継ぎ金具をボルトとナットで必要なトルクで締め付けるだけで完成します。

また、工事の仕様によっては、C型チャンネルやケーブルラック、全ねじボルトの先端に専用のキャップやカバーを取り付ける場合があります。取付け忘れがないように気をつけましょう。

▲ 全ねじキャップ 14)

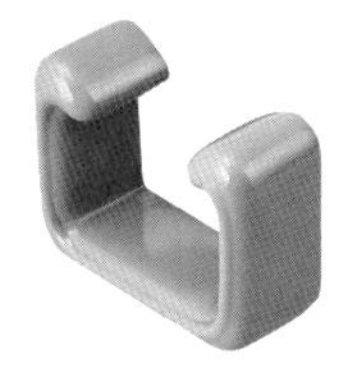

▲ C型チャンネルエンドキャップ 14)

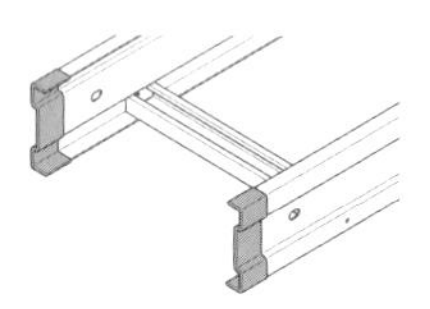

▲ ケーブルラック端末保護キャップ 14)

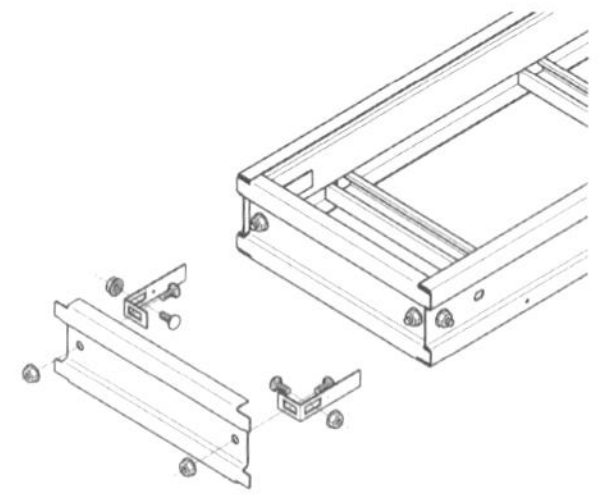

▲ ラック用エンドキャップ 14)

ラックの選定、支持に関するルール

詳細は現場によって異なりますが、下記の項目を参考に、ケーブルラック敷設の計画に必要な現場ごとのルールを確認してください。

- **水平敷設の支持ピッチは鋼製の場合は2 000mm以下**（それ以外の材質は1 500mm以下）
- **垂直敷設の支持ピッチは3 000mm以下**（配線室などは6 000mm以下）
- **幅600mmを超えるケーブルラックを支持する場合は直径12mm以上のボルトを使用する**
- **幅600mm以下のケーブルラックを支持する場合は直径9mm以上のボルトを使用する**
- **電力ケーブルは原則として多段積みを行わない**
- **電力ケーブルを敷設するためのケーブルラックの幅は幅≧1.2{Σ（ケーブル仕上がり外径＋10）＋60}〔mm〕の式によって求めた値の直近上位のものとする**

  ※**Σ**：ラックに載せるそれぞれのケーブルの仕上がり外径に10を足して合計するという意味。
- **通信ケーブルを敷設するためのケーブルラックの幅は幅≧0.6{Σ（ケーブル仕上がり外径＋10）＋120}〔mm〕の式によって求めた値の直近上位のものとする**

ケーブルの敷設経路に**防火区画**の**貫通箇所**などがあれば、事前に開口部があることを建築担当などに相談しましょう。また、ケーブルラックの支持方法（特に耐震支持）や製品自体の仕様、現場の仕様書の確認も重要です。

▲ケーブルの防火区画貫通部[1)]

31 壁の中を電路に活用 ——間仕切り配管配線工事

間仕切り壁の概要

◀ 間仕切りに使われる軽量鉄骨[1]

間仕切りは、**軽量鉄骨**(LGSや軽天などとも呼ばれる)を骨組みとして、表面に石膏ボードなどを張ってつくる内壁のことです(⑨:壁をつくる 参照)。現場によっては、軽量間仕切りなどと呼ばれることもあります。

間仕切り壁に取り付けられるスイッチやコンセント、照明などの設備に配線を行うための間仕切り配管は、石膏ボードが軽量鉄骨に張り付けられる前に壁内に仕込みます。現場によってこの工事は**軽量建込み**、**LGS建込み**などと呼ばれます。

間仕切りの骨組みは、まず壁の上下にあたる部分に断面がコの字型の**ランナー**を配置します。そして、上下ランナーの間に**スタッド**と呼ばれる角形材を柱状に建てて構成します。

スタッドには、断面が角形の**角スタッド**と断面がコの字型の**C型スタッド**があります。C型スタッドを用いる場合は、スタッドとスタッドの間に振れ止め材と振れ止め材を取り付けるための**スペーサー**が取り付けられます。使用部材の多いC型スタッドのほうが強度に優れます。

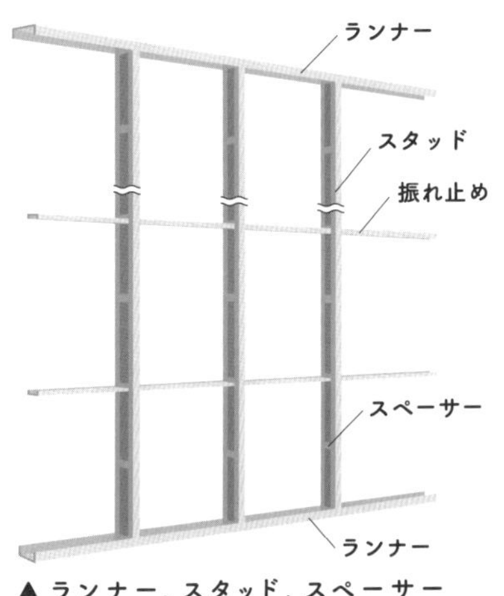

▲ランナー、スタッド、スペーサー

墨出しのポイント

設計上の通り心(芯)はスラブや躯体壁に墨出しされています(⑧：墨出しとは？ 参照)。しかし、柱内部や壁内部に墨が隠れてしまう場合は、1m程度離れた場所に**逃げ墨(返り墨)**が打たれます。

墨は器具を取り付ける側のスラブに出しましょう。また、**ボッ**

クスを壁の裏と表の同じ位置に背中合わせで取り付けると防音性が損なわれる場合があるので注意しましょう。

ボックスの水平方向の墨を**追い出し**(基準となる箇所から寸法を割り出し)たら、次に高さを指定します。多くの場合、ボックスの高さは**床の仕上げ面**からの高さ(完成後に人が歩く床の高さ)を基準に指定します(H = FL + 300などと表記)。

FLはFloor LevelもしくはFloor Lineの頭文字で、床の仕上げ面の高さを表します。FL＋300の表記であれば、「床仕上がり面から300mmの高さにボックスの中心が来るように取り付ける」ことを表しています。また、スラブの高さ**SL**(Slab Level、Slab Line)で表記されることもあります。

ボックスの墨出しと合わせて、**開口補強**の墨出しも行います。スタッド間のピッチは455mmが多く、この隙間に設備が収まらない場合はスタッドを切断し、補強する必要があります。開口補

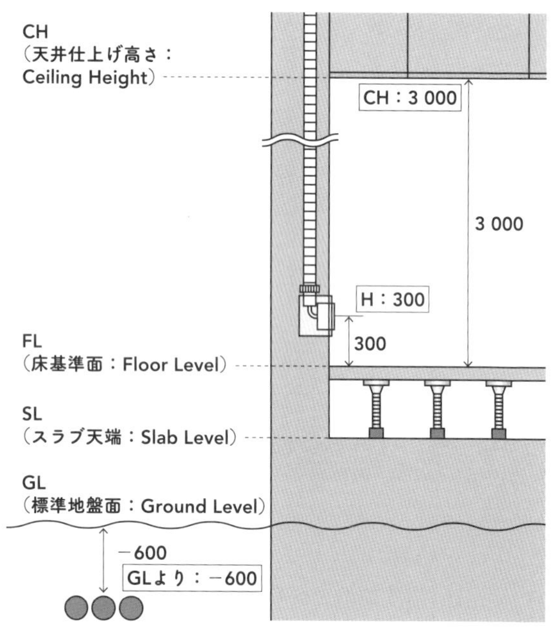

▲ 図面の高さの基準を示す表記

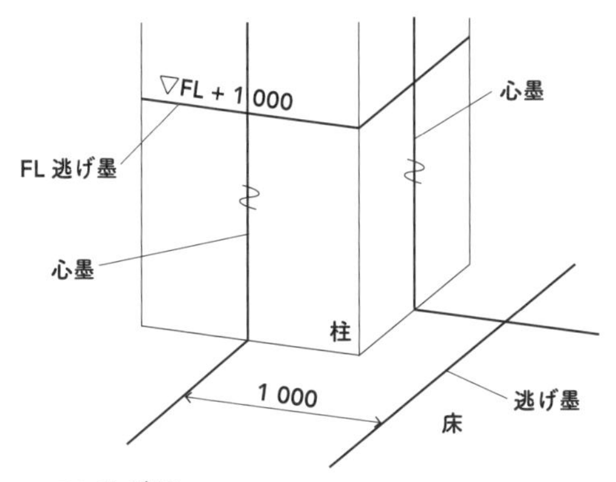

▲ FL逃げ墨

強の作業は、軽量鉄骨の担当業者に依頼する場合が多い作業です。建築担当者と協議して、正確な位置に墨を出しましょう。

開口部の水平方向の位置は直線で墨を出し、油性ペンなどで開口用途、開口部の幅と高さ、FLから見た開口部の上端と下端の高さなどを書き込みます。墨の出し間違い、出し忘れがあると他の業者に迷惑を掛けます。墨を出したあとにもしっかりと確認を行いましょう。

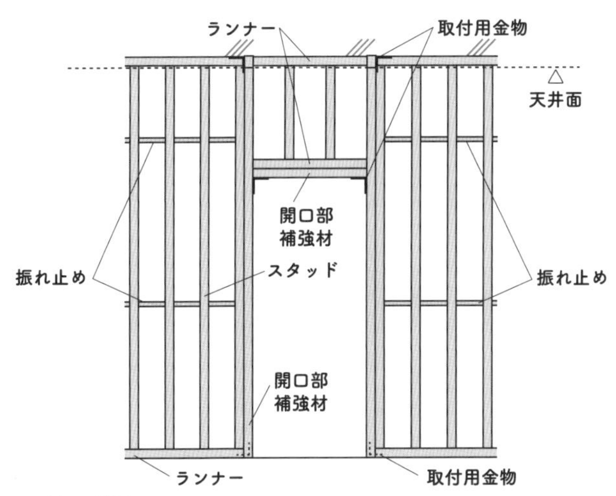

▲ 開口補強

ボックスと配管の設置

軽量建込みの配管では難燃性のPF管と専用のボックスが用いられます。また防火区画では金属製のボックスが用いられます。

墨出し作業が完了したらボックスの取付けを行います。ボックス中心の取付け高さを確認してスタッドにマーキングします。墨出しの際に記入したボックス中心の高さがFLを基準としている場合は、FLからの高さをマーキングします。

FLの基準墨のほかに逃げ墨が打ってある場合は、そこから高さを追い出すと作業がしやすい場合があります。

ボックス類の取付け

ボックス類の取付けはスタッドとの関係によって方法が異なります。また、同じ位置でもさまざまな方法があるので仕様に合わせて施工しましょう。

ボックスの取付けが終わったらPF管の配管を行います。配管はステー金物や全ねじボルト、スタッドにしっかりと固定します。配管はボックスへの接続箇所から300mm以内、その他の部分は1 500mm以内のピッチで支持します。これらの作業に合わせて、重量のあるブラケット照明(壁付き灯)などがある場合は、必要に応じて下地材を取り付けます。

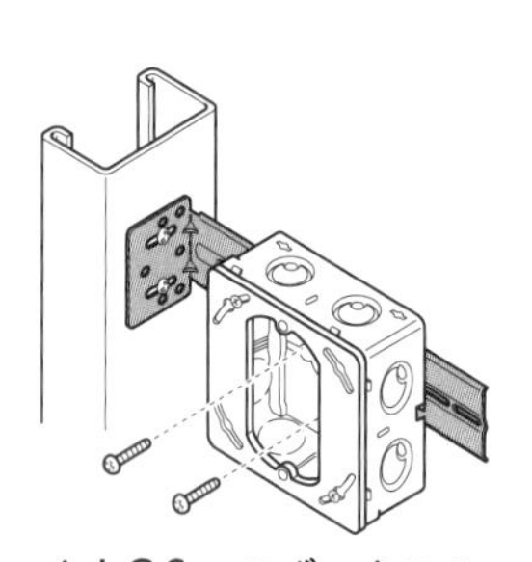

▲LGSへのボックスの取付け例[13)]

設置場所がスタッドと干渉する場合

ボックス取付け位置がスタッドに干渉する場合や、スタッドの振れ止めがあって配管の立ち上げができない場合などは建築担当者と協議を行い、施工方法を検討しましょう。勝手にスタッドを移動したり、振れ止めを切断したりしては絶対にいけません。

32 電気を管理するうえで重要 ——盤工事

盤の役割と種類

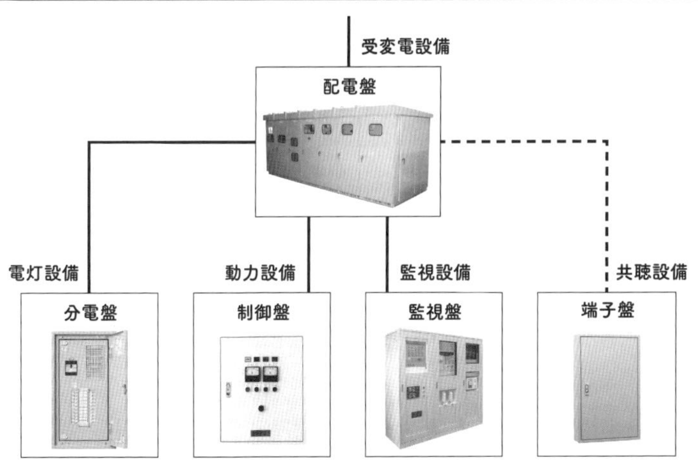

▲ 配電盤の種類と役割[2)]

盤は、複数の安全装置や制御装置、計量器などを1つの筐体（きょうたい）に組み込み、それらの機能を1カ所で操作するための設備です。分電盤や配電盤、**制御盤**、**火災報知盤**などさまざまな種類のものがあります。盤筐体の材質には樹脂製のものや金属製のものがあり、樹脂製のものは住宅でも用いられています。また、金属製の筐体には壁掛け型や自立型があり、壁に埋め込むタイプや露出して設置するタイプがあります。

分電盤とは何か

分電盤の中には**漏電遮断器**や**過電流遮断器**などのブレーカー類と、電路となる銅バー（ブスバー、バスバーとも呼ばれる）が入っています。メインブレーカーには幹線が接続され、メインブレーカーの二次側の各分岐回路へ接続されています。分岐回路ごとにブレーカーを設置することで、不具合が起きた回路を幹線から切り離せ、他の電気設備への被害を防止できます。

▲ 分電盤[2)]

分電盤と配電盤

盤の呼称に、分電盤と**配電盤**というよく似た名称があります。配電盤は、主に**キュービクル式受変電設備**（以降、キュービクル）などの受変電設備を指します。分電盤は配電盤の二次側にあり、建物の電気設備へ電気を安全に供給する役割を担います。

なお、配電盤には、分電盤にはない**変圧器**や**監視装置**、**保護装置**などが備えられています。

33 建物の心臓部！キュービクル

開放式とキュービクル式

一般住宅などの小規模な建物は、100V/200Vといった低圧で受電しています。一方、電力の使用量が多いビルや工場は電力料金の安い(特別)高圧受電が採用されています。ただし高圧6 600Vのままの電圧で、コンセントや照明を使用することはできま

▲ キュービクル[2)]

せん。また高圧では、露出した充電部(電気が通る金属が絶縁物で保護されていない状態)に近寄っただけで感電してしまう危険があるため、電圧を降圧する必要があります。

そこで登場するのが**受変電設備**です。受変電設備はその名のとおり、高圧で受電した電気を低圧に変電(変圧)するための設備です。つまり建物の電力供給の心臓部といえます。

受変電設備は、電気室などに設置する**開放式**と、金属製の筐体に受変電設備一式を納めたキュービクル式に大きく分類できます。開放式は保守性に優れますが、設置面積が大きく、施工時間もかかるため、現在ではキュービクル式が主流になっています。

キュービクル内の各機器の解説

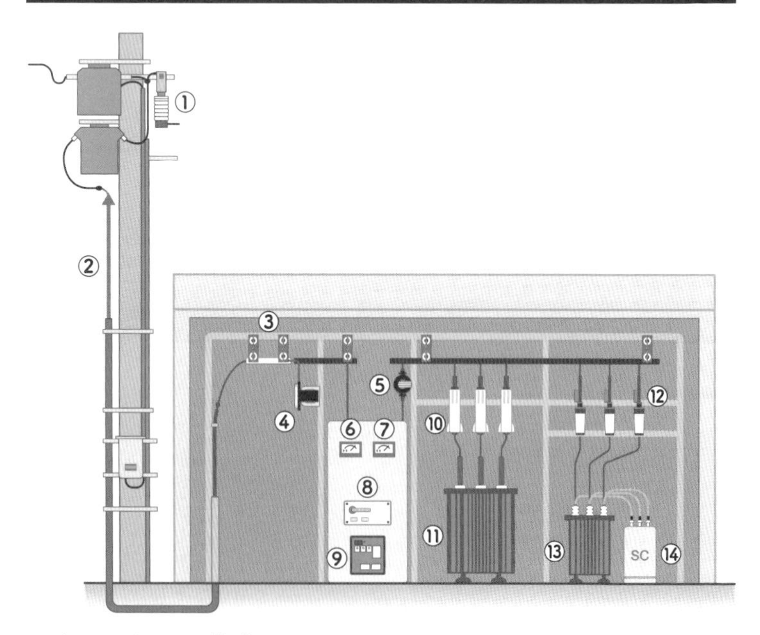

▲ キュービクルの構成

①**避雷器(LA)**：雷サージなどの異常電圧から設備を保護するための機器です。

②**高圧ケーブル**：高圧の電気を送るための電線です。

③**断路器(DS)**：メンテナンスなどの際に設備を電路から解放する機器です。開放は無負荷の状態でのみ行うことができます。

④**計器用変圧器(VT)**：高圧電圧を計器や継電器で使用できる電圧に変換するための機器です。

⑤**計器用変流器(CT)**：高圧電路の電流を計器や継電器で使用できる大きさに変換するための機器です。

⑥**電圧計**：電圧を計測するための機器です。

⑦**電流計**：電路に流れる電流を計測する機器です。

⑧**真空遮断器(VCB)**：事故時にも電路を遮断することができる高圧用の開閉器です。継電器と組み合わせることで高圧電路の保護を行うことができます。

⑨**保護継電器(OCRなど)**：受電設備の過負荷、短絡、絶縁劣化や電圧異常などを検出する機器です。

⑩**ヒューズ付高圧カットアウト(PCS)**：電路の過電流保護を行うことができる高圧用の開閉器です。保護の対象が比較的小容量な場合に用いられます。

⑪**変圧器(TR)**：電圧を変換するための機器です。高圧から低圧に変換します。

⑫**限流ヒューズ付高圧交流負荷開閉器(LBS)**：電路の過電流保護を行うことができる高圧用の開閉器です。

⑬**直列リアクトル(SR)**：高調波の緩和やコンデンサへの突入電流の抑制を行うための機器です。

⑭**進相コンデンサ(SC)**：力率の改善を行うための機器です。

34 キュービクルの据付け工事——あと施工アンカーの打設

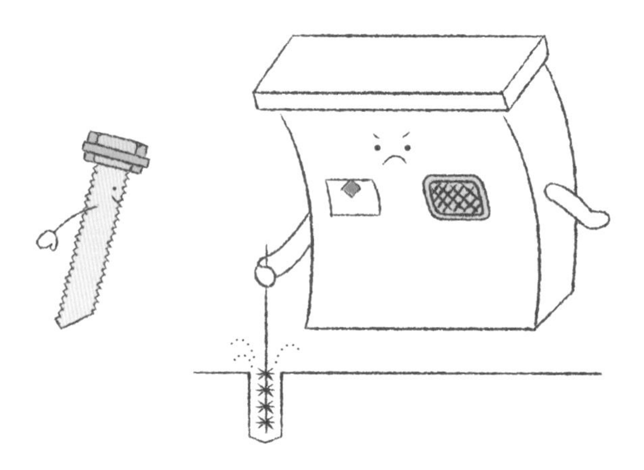

屋上へのキュービクルの設置

キュービクルは敷地内、屋上、建屋内の電気室など、さまざまな場所に設置できます。特殊な場所への設置では、メーカーサイドですべて担当するケースもあります。そこで、電気工事業でも比較的、請け負うことの多い屋上への据付け工事を想定して施工方法を解説しましょう。

屋上への据付け工事は屋上表面の防水処理が完了しないと作業に取り掛かれません。工事の工程などを確認して作業の段取りを行いましょう。

あと施工アンカーの施工

キュービクルはかなりの重量があるので、構造上問題のない梁などの上に設けられた基礎や専用架台などに設置します。

キュービクルの基礎に、**あと施工アンカー**(コンクリートが硬化した後に穿孔を行い固着させる固定金具)を打設するための墨出しを行います。据え付けるキュービクルの架台であるチャンネルベースのボルト孔の寸法を確認して、正確に墨を出しましょう。

あと施工アンカーにはさまざまな種類があり、仕様書に使用する製品まで指定されるケースもあります。

▲ 屋外への据付け基礎[2]

▲ 据付けが完了したキュービクル[2]

▲ 屋内の専用架台への設置[1]

施工の流れ（接着系アンカーの場合）

〈STEP 1　下穴の穿孔〉

あと施工アンカーを打設するための下穴を空けます。使用するドリルの径や下孔の深さは製品ごとに異なります。必ず仕様書や説明書を確認して指定どおりに削孔します。メーカーの指定を守らないとアンカーが適正な強度を発揮できず、地震の際、転倒のリスクにつながります。

〈STEP 2　下孔の清掃〉

適切に削孔したら、下穴の清掃を行います。まずは、孔内にたまった削孔粉末をブロワーなどで吹き出します。

次に専用ブラシを使って下穴の表面に付着した粉末を除去します。ブラシでの掃除を怠ると接着剤が下孔に密着しなくなるため必ず実施しましょう。下穴をブラッシングした後は、再度ブロワーなどで下孔の中に落ちた粉末を除去します。

〈STEP 3　ボルトへのマーキング〉

固定するボルトを下孔に挿入し、基礎表面の位置でボルトにマーキングします。

〈STEP 4　ボルトの打込み〉

挿入したカプセルにボルトの先端を当てて、セットハンマーなどで打ち込みます。

▲ 樹脂カプセルアンカーとアンカーボルト[15]

揚重作業 玉掛け 介錯ロープ

35 キュービクルの据付け工事――搬入

キュービクルの搬入

アンカーの接着剤が硬化したらキュービクルを据え付けます。キュービクルの搬入は、クレーンを使用する作業になります。屋上への搬入には、自走式のラフタークレーンなどが使用されます。クレーンなどのオペレーションに関してはメーカーが行うことが多いのですが、現場によっては電気工事側で実施が必要なケースもあります。その際は、キュービクルの揚重(ようじゅう)に必要なラフタークレーンの大きさ、作業に必要なスペース、作業場所までの進入経路、作業手順の計画などを立てましょう。キュービクルの搬入に限らず、資機材・設備の搬入計画は工事を左右する重要なポイントになります。必要な要素を入念に洗い出し、不備のない計画を立てられるようにしましょう。

▲ キュービクルの搬入[1]

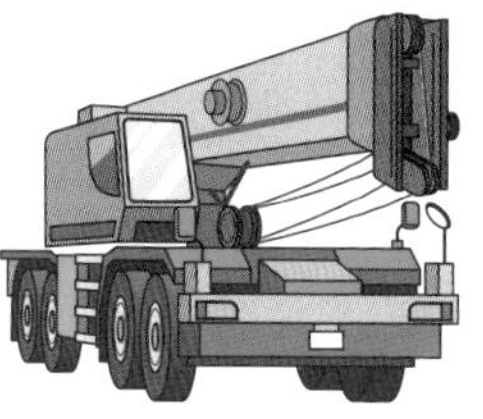

▲ ラフタークレーン

荷揚げと資格

揚重作業(クレーン作業)におけるクレーンの操作、玉掛けなどは、事前に有資格者の手配が必要です。**玉掛け**とは、クレーンのフックに吊り荷を掛けたり外したりする作業をいいます。玉掛けには**ワイヤロープ**、**ベルトスリング**、**シャックル**などが用いられます。玉掛け用具は、吊り荷の荷重で破断すると大事故につながります。作業前に必ず点検してください。また、クレーンオペレーターと屋上の荷受け班と操作指示者は、合図の方法を事前に確認しあいましょう。

▲ ワイヤロープとフック[1]

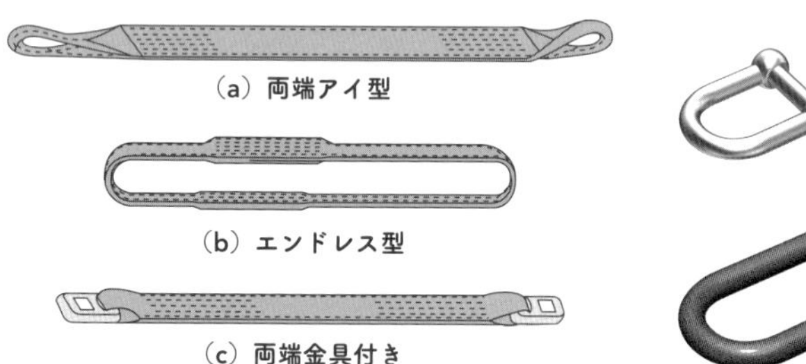

▲ ベルトスリング

▲ シャックル

玉掛けと介錯ロープ

クレーンの周囲に人が立ち入ると危険なため、コーン標識とコーンバーを使って立ち入り禁止区域を設けます。

クレーンは、転倒の防止のためにアウトリガーをしっかり張り出します。アウトリガーを張り出した地面がぬかるんでいるような状態では、クレーンが転倒するリスクがあります。このような場合は敷鉄板などの準備が必要です。

次に、吊り荷をクレーンのフックに玉掛けします。吊り荷の重心を確認して的確な玉掛けを行いましょう。吊り荷には**介錯ロープ**（かいしゃく）を取り付けます。吊り荷をフックに引っ掛けたら、クレーンを巻き上げて**地切り**を行います。地切りとは吊り荷が地面から離れることです。このとき、荷が前後左右に振れそうなときは、すぐに作業を中止します。クレーンアーム先端や玉掛けの位置に原因があることが多いので、設定を調整しましょう。

▲ 介錯ロープの操作 1)

吊り荷との距離を確保しよう

介錯ロープは荷ぶれが起こった際や、荷を少し引き寄せたい場合などに、玉掛け者が荷の動きを補正するために取り付けられるロープです。安全に地切りができたら、3m以上の距離をとって吊り荷の誘導をサポートします。荷が吊り上がったあとは、絶対に荷の直下に立ち入らないようにしましょう。

介錯ロープの張力を利用して吊り荷が安定した状態になったら、クレーンオペレーターに指示を出し、屋上までキュービクルを吊り上げます。クレーンオペレーターは屋上の状況を確認できないため、オペレーターから見える位置に合図者を配置するか、トランシーバーで指示を出すか、計画の段階で決定した方法で実施します。

事故が発生しない状況を作ろう

基礎の上にクレーンのフックを誘導し、介錯ロープで微調整を行いながら徐々に吊り荷を降下させます。基礎に着地する直前の高さになったら、キュービクルの四方もしくは対角に配置した作業者が、さらに微調整を行いながらキュービクルを基礎に接地させます。この間は絶対に吊り荷の直下に入らないように注意しましょう。屋上で介錯ロープをつかむ際に風があると、吊り荷の直下に立ってしまうケースが散見されます。また、着地の微調整のときに、キュービクルの下に指をかけてしまうなど危険行為が発生しやすくなります。こうした事故が起こるリスクのある状況をつくらないことを心がけ、万が一危険を感じた際は、すぐに作業ストップの声を上げましょう。

玉掛け作業の注意点

玉掛け作業で事故が起こる原因の一つに、玉掛ワイヤやロープの切断があります。安全に作業するためには、ワイヤやロープの始業前点検と切断荷重の確認が欠かせません。点検では、摩耗やさび、損傷がないかをしっかりチェックし、異常があればすぐに交換しましょう。また、切断荷重を超えないように荷重を計算し、適切なワイヤやロープを使うことが大切です。

さらに、一点吊りでは重心が傾いて事故が起こりやすいので、キュービクルのような重心が不安定なものを吊る場合は、4点吊りや複数点吊りにして重心を安定させましょう。

36 キュービクルの据付け工事——固定

キュービクルの水平を取ろう

基礎に置いたキュービクルの上部から玉掛け用具を外します。このときに、はしご兼用脚立などが必要になるので事前に準備を行いましょう。また、キュービクルが連結式の場合は屋根の連結部分に屋根カバーを装着します。

次に、水平器でキュービクルの水平を確認します。盤類を傾いた状態で設置すると、筐体が歪んで扉が開かなくなるおそれがあります。

水平が取れていない場合は、キュービクルが低くなっている箇所のチャンネルベースの下にテーパーライナーのような部材を入れて調整を行います。**ライナー**はテーパーの薄い側からチャンネルベースの下に差し込み、入らない部分をハンマーなどで叩き入れると高さの微調整ができます。

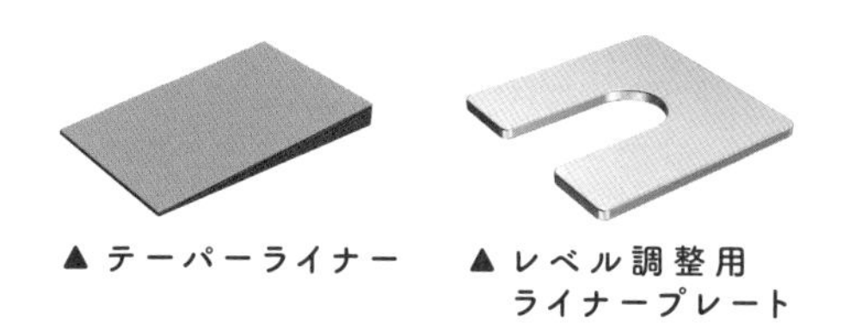

▲テーパーライナー　▲レベル調整用ライナープレート

ナットによる固定

キュービクルの水平が取れたら、ボルトにナットを取り付けます。キュービクル据付けはダブルナットで行います。

ダブルナットとは、文字どおり2個のナットを使用した固定方法です。微振動などによるナットのゆるみを防止できるため、キュービクルの転倒を防止できます。

ナットをレンチで締めたあと、**増し締め**を行います。増し締めとは文字どおり締結したボルトやねじが緩まないための追加の締め上げを指します。しかし、力いっぱい締め付ければよいわけではなく、メーカーが適正な**トルク**を示している場合は指定どおりに施工します。

増し締めの確認後は、ボルト、ワッシャー、ナットに一本の線でマーキングを行います。これは**合いマーク**と呼ばれ、施工後にナットのゆるみを確認するときの目印になります。点検の際に、合いマークがずれていればナットが緩んでいるサインとなります。ナットを締めなおした場合は、新たにマーキングを行います。

マーキングが終わったら、ボルトキャップにグリースを充填したグリースキャップを装着し、ボルトを雨水から保護します。

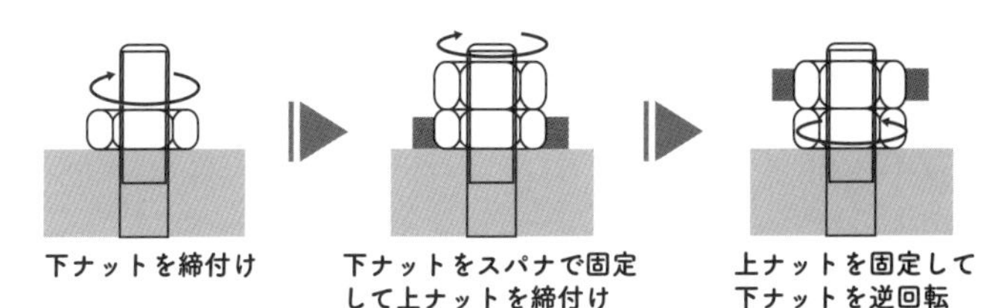

▲ダブルナットの締結手順

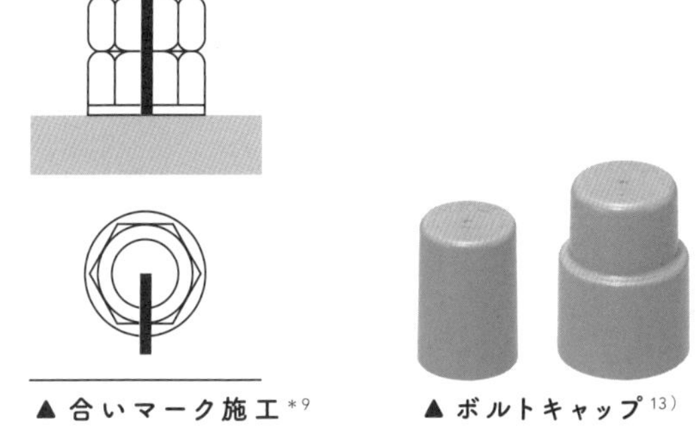

▲合いマーク施工 *9　　▲ボルトキャップ 13)

トルク管理

キュービクルの据え付けに限らず、電気工事においてトルク管理はとても重要です。トルク管理とは、ネジやボルトを締める際に適切な力で締めることを指し、これによって接続部の信頼性と安全性が保証されます。不適切なトルクでの締め付けは、接続の緩みや、ボルトの破断につながることがあります。

トルク管理を行う際は適切な**トルクレンチ**を選ぶことが重要です。トルクレンチにはダイヤル式、ビーム式、クリック式、デジタル式などさまざまなタイプがありますが、作業内容に応じて最適なものを選びます。特に精密なトルクが求められる場面では、設定値が正確に保持できるクリック式かデジタル式のものを選ぶとよいでしょう。また、正確なトルク管理を行うために、トルクレンチは年に1回程度の校正が必要です。

長期にわたる安全と信頼性を確保するために適切なトルク管理は欠かせません。

建物の血管 ——幹線の延線工事

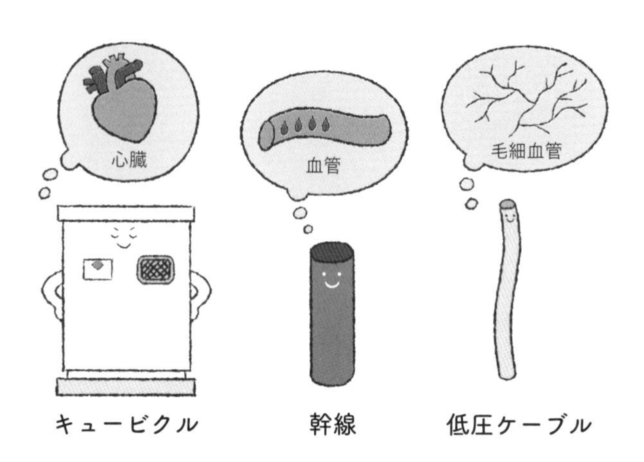

幹線工事はコミュニケーション

幹線は各所に設置された分電盤とキュービクルをつなぐ配線です。分電盤の二次側で消費される電力をすべて供給する幹線は太く重量があるため、配線作業は複数人で行います(延線距離が長い場合は10数人で行うことも)。そのため、配線計画だけでなく現場でのコミュニケーションが重要になります。

また、効率よく作業を行うためにケーブルドラム用ジャッキ(p. 120)、金車(きんしゃ)、ケーブルコロ、ケーブルウインチ(p. 121)などを使用し、必要な箇所に人員を配置して作業を行います。

人員は、ケーブルドラムの設置箇所、ケーブル延線経路の立上り箇所、立ち下がり箇所、コーナーなど、ケーブルの屈曲箇所、また必要に応じて長い直線の中間部部分などに配置します。

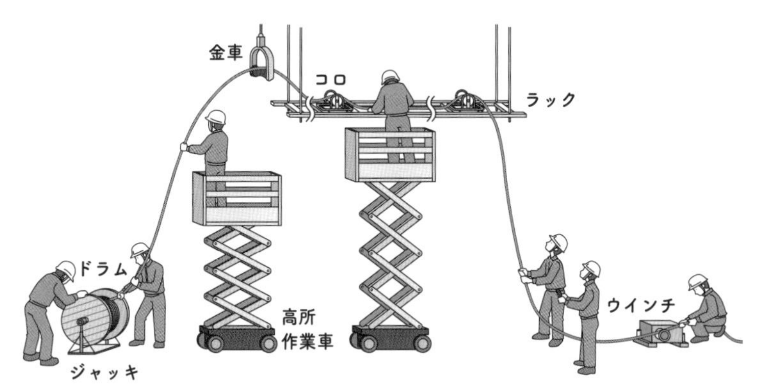

▲ 延線工事の人員配置の例

想定される延線ルート

延線ルートは建物によって異なるため、法則化して説明するのが非常に困難です。そこで、本書では地中梁から引込みが行われるケースでよくあるパターンを紹介します。

想定されるルートとして、UGS(⑯参照)→キュービクル→屋上ケーブルラック→ハト小屋(p. 124)→EPS内ケーブルラック→分電盤を設定します。

それでは、延線作業に必要な資材や工具を確認していきましょう。

ケーブルジャッキとケーブルグリップ

サイズの大きな電線は木製のドラムに巻き付けられてミシンで使用するボビン糸のような形で納品されます。

ケーブルジャッキのシャフトを**ケーブルドラム**の中心にある穴へ通して水平になるようジャッキアップを行います。

ドラムのセットが終わったら、ケーブルの先端に**ケーブルグリップ**(アミソ、ジャカゴなどとも呼ばれる)を取り付けます。

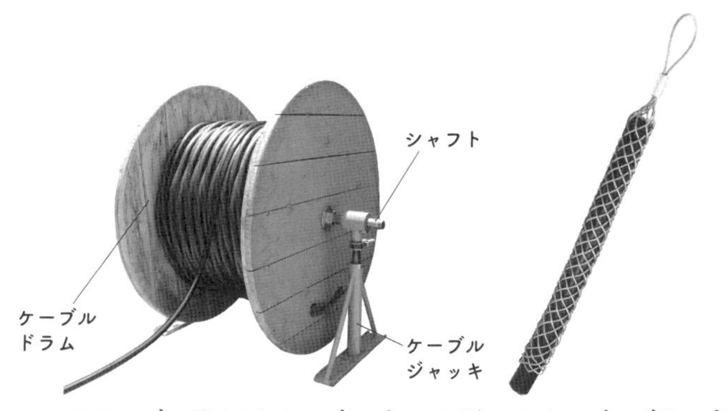

▲ ケーブルドラムとケーブルジャッキ[16)]　▲ ケーブルグリップ[20)]

ケーブルの先端をケーブルグリップの中に入れた状態で網の閉じた側に張力がかかると網が締まる仕組みになっていて、このグリップ力を利用してケーブルを保持します。

ただし、張力がかからなくなるとケーブルを保持できなくなるため、ケーブルを挿入したあと網の開いた側の先端付近をバインド線などで縛ります。このときにバインド線は網の目を数度くぐらせ張力をかけながら強固にねじり縛ります。

より戻し

より戻しは、ケーブルグリップと延線用ロープの間に取り付けられ、ケーブルのねじれが元に戻ろうとする力で回転してねじれを修正します。また、絶縁テープなどに行先(分電盤名、回路名など)を書いてケーブルの先端付近に貼っておくと、延線ルートの途中に配置された作業者にも、どこに送るケーブルか一目で判別できます。

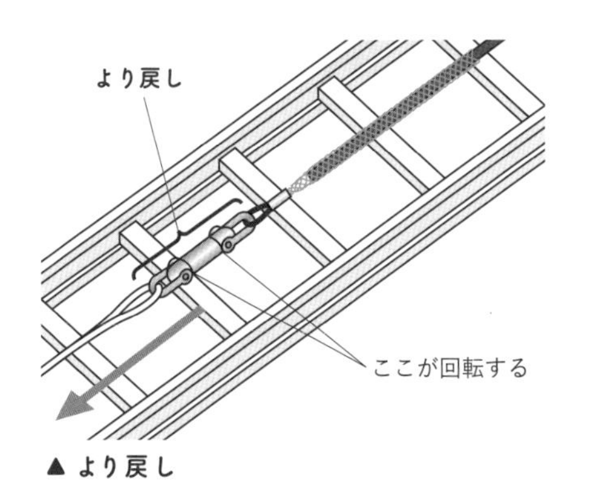

▲ より戻し

金車、コロの設置

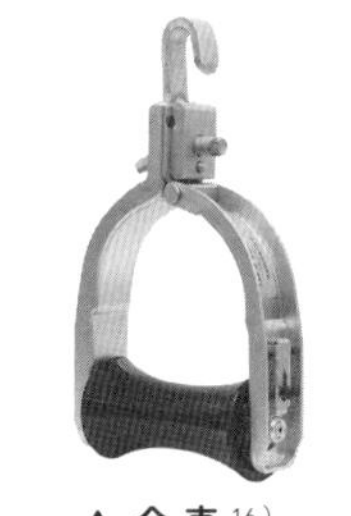

▲ 金車[16]

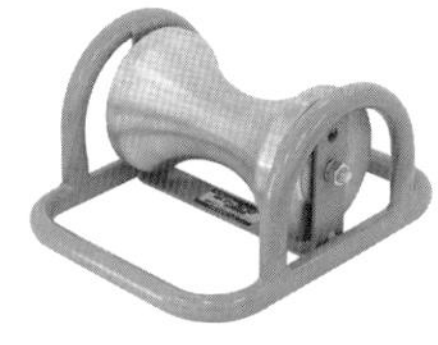

▲ コロ[16]

床などを引きずって延線すると、ケーブルに傷がつくため延線ルートに**金車**や**コロ**を設置します。

金車は吊り下げ形のケーブル延線用滑車です。ケーブルの立上りから水平に延線方向をシフトする場合や、中空を延線する場合などに用いられます。また、コロは置き型の延線用滑車で、主に水平方向への延線時に配線ルート上の各所に設置し、延線時の摩擦を軽減します。金車、コロ、ともに多くの種類があり配線のルートによって使い分けます。

ケーブルウインチの設置

ケーブルウインチ(巻き上げ機)にはケーブルの重量がのしかかるため、あと施工アンカーなどの強固に固定できる方法で設置してください。

ケーブルウインチ[16] ▶

4 躯体工事における電気工事の仕事

ケーブル中間送り機

「セーノ、セーノ」の掛け声とともに、人力だけでケーブルを延線していた時代もありました。しかし、最近では機械化が進み、ケーブルドラムとケーブルウインチ間に**ケーブル中間送り機**という延線をアシストする装置が使用されます。

▲ ケーブル中間送り機[16)]

ロープとケーブルグリップを接続

ウインチ側から延線用ロープを、ルート上にある金車やコロの上を延線して、ケーブルジャッキ設置箇所まで持ってきます。

ケーブルドラム設置箇所まで延線してきたロープの先端と、ケーブルグリップを接続します。そして、ウインチ側はロープをウインチに巻きつけてウインチを始動します。

各作業員の役割と作業原則

ケーブルドラム側では、ドラムの過回転でケーブルがほどけないように速度を制御します。

配線ルート上の各箇所に配置された作業員は、ケーブルが引っかかったり、ケーブルに過負荷がかかったりしないかをチェックします。

ウインチ側では、不具合でストップがかかった際にすぐにウインチを停止できるように待機し、ロープの処理を行います。

どの工程でも不具合が起きた場合はすぐに作業を止め、不具合を是正してから作業を続行します。

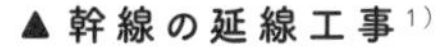
▲幹線の延線工事[1)]

▲ウインチ側でのロープ処理[1)]

長距離を延線する場合

キュービクルから分電盤まで、一度の作業で延線できない場合は、水平引きから垂直引きなど、配線の方向が転換する箇所にケーブルを8の字にまとめておき、段取り替え(ウインチの移動など)を行ってから、延線を再開します。

ケーブルラックを使用する場合、子桁に結束バンドなどでケーブルを固定します。

▲ケーブルに負担がかかりにくい8の字巻き[7)]

キュービクルと建物をつなぐ設備

配線や配管、ダクト類を建物内から屋上へと敷設する際に、防水層を貫通せずに容易に引き出せる**ハト小屋**が設けられています。

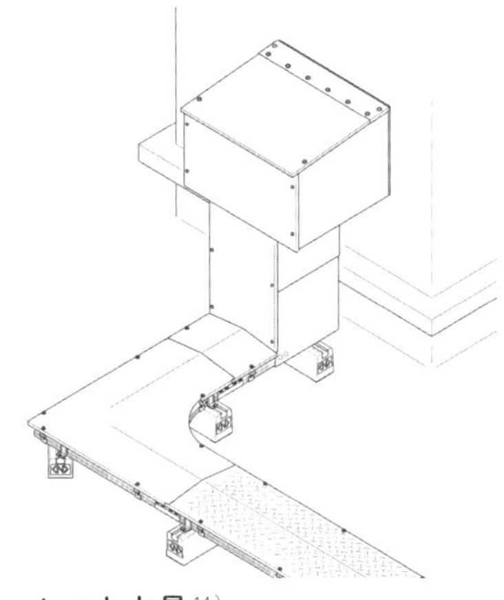

▲ ハト小屋[14)]

防水層に損傷や水たまりができると雨漏りの原因となるため、屋上に設置するケーブルラックは基礎ブロックなどの支持架台の上に乗せて支持します。

幹線をキュービクルの下から引き入れる場合は、床板を加工します。そして、ブレーカー接続の取り回しに必要な長さを考慮して、余裕を持った長さをキュービクルに引き入れましょう。

ケーブルの長さが定まったらケーブルを仮固定して、ケーブル挿入口の床板とケーブルはねずみなどが入り込まないように隙間をパテでしっかりとふさぎます。

▲ ケーブル立上り部をふさいだキュービクル内部[8)]

通線ワイヤ　スイッチボックス　アウトレットボックス

38 分岐回路の延線工事 ——管、ボックス類

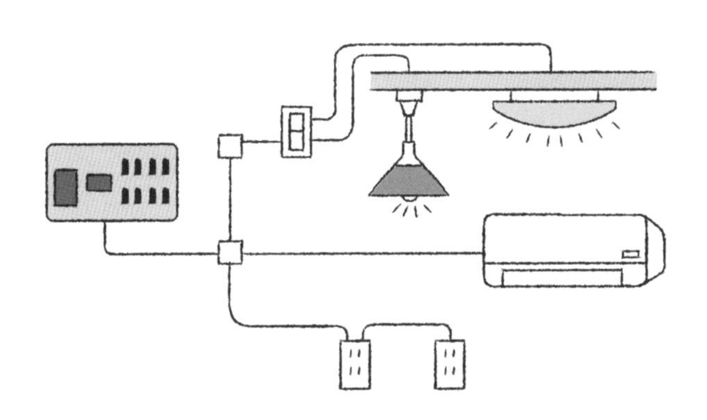

電気を建物の隅々まで届ける

次側の配線は、分電盤からスイッチ、照明、コンセントなどに接続します。

まずは、スラブ配管や建込み配管部分の配線を見ていきましょう。配管などの狭い箇所へケーブルをそのまま送り込むのは困難です。そこで、**通線ワイヤ**などの通線工具を使用します。

▲通線ワイヤ

通線工具の使用イメージ

まず、電線を挿入する配管口とは逆側の配管口から通線ワイヤを挿入します。ケーブル挿入側に届いたら、通線ワイヤの先端に電線を取り付けます。あとは通線ワイヤを引っ張ってケーブルを管内に引き入れます。

複数人で作業を行う場合は、掛け声に合わせて配線用スチールをゆっくりと引っ張ります。ケーブル側の作業員は、配管の中に電線が入りやすくなるよう押し込み、ケーブルが絡まないようにガイドを行います。このとき、通線ワイヤを引っ張るスピードが速いと、ケーブル側の作業員が配管口に手をぶつけてけがをしてしまうことがあるため注意しましょう。

分電盤側のケーブルも、あとで分岐ブレーカーと接続する際に必要な長さを考慮して、余裕を持って分電盤の中に丸めておきます。

スイッチボックスやアウトレットボックスなどに石膏ボードが張られる場合は、ボード張りの邪魔にならないようにボックスに収まる長さにして収めておきましょう。

▲ ボックスに収めたケーブル[5)]

墨出し ジョイント ケーブルハンガー

39 分岐回路の延線工事 ——二重天井

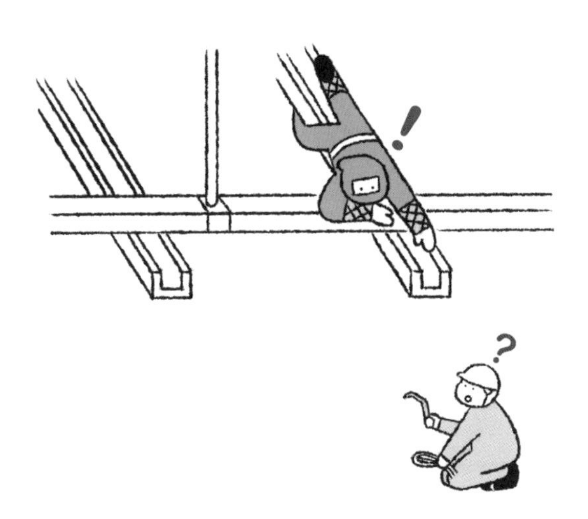

二重天井の構造

二重天井は、上階スラブの下に軽量鉄骨で天井の下地を組んでボードなどを張り付けて、スラブと天井の間に空間をつくります。

二重天井内部には、空調のダクトや電気配線などが収まります。配線作業は他業種のダクトや機器の干渉を避け、天井の造作の邪魔にならないように行わなくてはなりません。

二重天井の下地となる**野縁**（のぶち）と呼ばれる軽量鉄骨の骨組みは、スラブに打設されているインサートから吊り下げた全ねじボルトに、**野縁受け**と呼ばれるC型チャンネルをハンガーで吊り下げ、野縁受けと直交させる形にクリップで取り付けます。野縁には、ボード突き合わせ部に用いるダブル野縁とそれ以外の部分に用いるシングル野縁があり、ダブル野縁はシングル野縁2つ分の幅があります。

組みあがった天井下地は下から見ると野縁と野縁受けが格子状に組まれています。

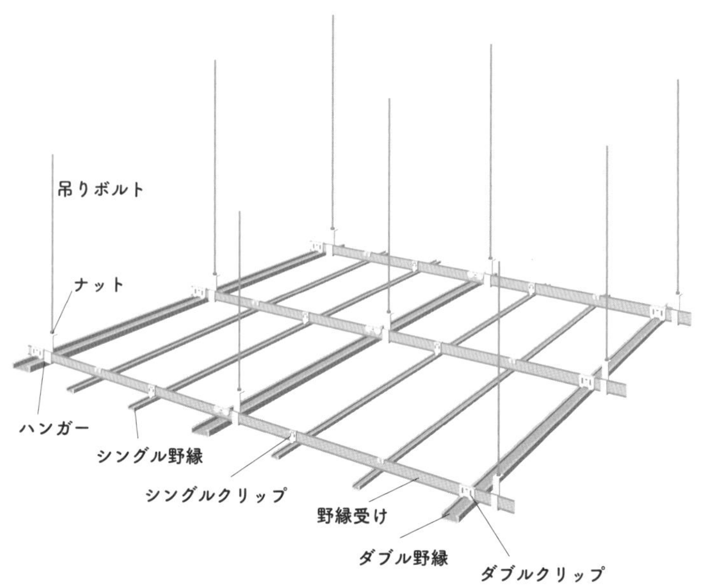

▲ 天井下地

器具設置のための墨出し

分電盤から天井内のジョイントボックス、ジョイントボックスから照明やスイッチへと配線します。

その際、照明などの位置を墨出ししなければなりません。しかし、天井の下地や上階スラブの下面に墨を出すのは困難です。そのためレーザー墨出し器を使用して、床スラブの墨を基準にレーザーで天井に投影して上階のスラブに墨を転写します。

床スラブに出す照明位置などの墨は、先行して打たれている通り心(芯)などの地墨を基準に、図面を見て追い出します。通り心は間仕切り配管の節(㉛)でも登場しましたが、現場を格子状に区切る基準線のことで、格子の縦と横にあたる線は、それぞれY通り、X通りと呼ばれます。また、何本もある基準線は、通りの名前に合わせてX1、X2やY1、Y2などと数字が振られています。

墨を出すべき照明の近くにある通り心の名前を確認しましょう。X通りとY通り、それぞれの地墨からの距離を確認して、照明の位置を特定して墨を打ちます。通り心が壁などの中に隠れている場合は、その逃げ墨から照明の位置を特定します。打った墨の近くには、基準とした通り心からの距離と、どのような器具のための墨なのかを文字で記します。

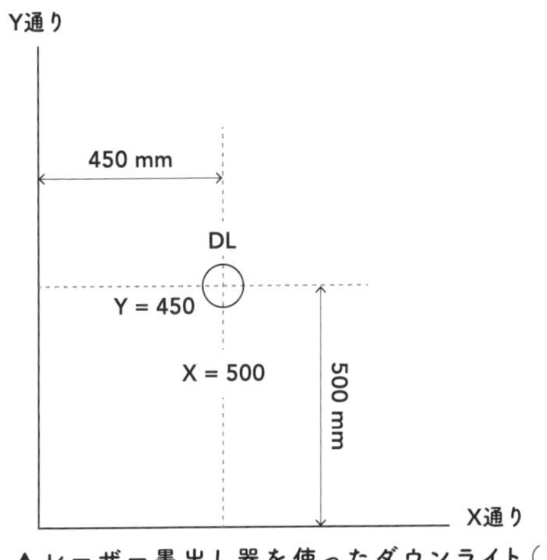

▲レーザー墨出し器を使ったダウンライト（天井に埋め込むタイプの照明器具）の墨出し

墨出しができたら、各照明の中心位置にレーザー墨出し器を置き、天井に墨位置を投影します。このときに天井埋込設置照明器具が軽量鉄骨にあたる場所にあれば、その軽量鉄骨を切断して周囲に開口補強を施さなくてはなりません。開口補強は軽量鉄骨担当業者が行いますので、切断する位置と範囲を軽量鉄骨にマーキングします。このとき、マーキングを行う油性ペンには赤などの目立つ色を使用し、マーキング位置に伸ばしたビニールテープなどを垂らしておきます。こうすることで、開口補強の見落としを防止できます。開口補強のマーキング忘れや見落としで補強がなされないまま天井ボードが張られてしまうと、後から手直しを行う際に大変な手間と労力がかかってしまいます。特にマーキング忘れには注意をしましょう。

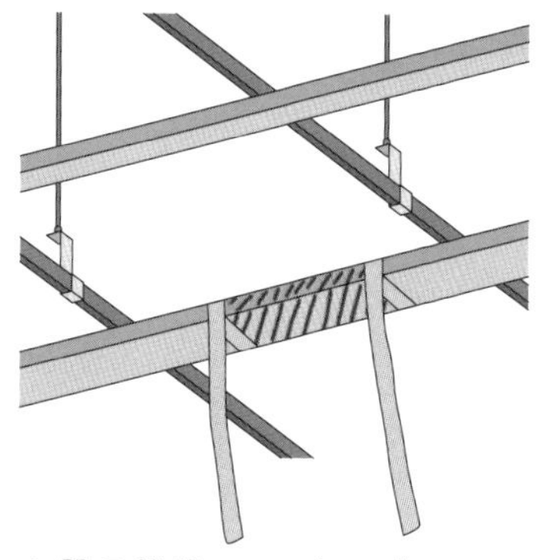

▲ 開口補強のマーキング

マーキングにより開口補強の指示が終わったら、天井内の配線を行います。

分岐回路の構成

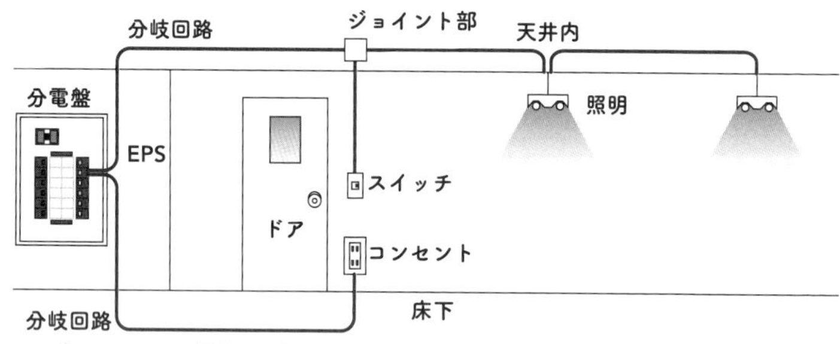

▲ ブレーカー、電源、ジョイント、器具配線の模式図

分岐回路は、分岐ブレーカーからの電源線とジョイント部、ジョイント部から各器具への配線に分けられます。電線の相互接続部分となるジョイントは、**アウトレットボックス**や**ジョイントボックス**内で行います。リニューアル工事などで回路の変更や回路の切

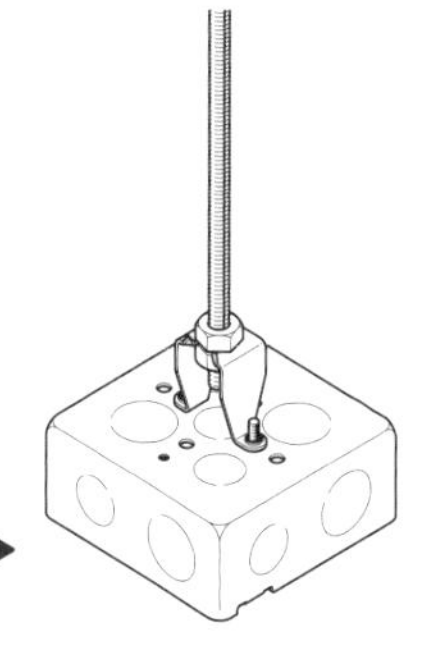

3分（外径9.53 mm）の全ネジに▶
取り付けたアウトレットボックス[14)]

り離しを行う際に作業をジョイント部分で行うため、ジョイントは点検口の近くに設けます。点検口がない場所では、天井埋め込み器具の開口部の近くに設けると、あとからジョイント部分での作業が行えます。これらのことを考慮してジョイントボックスを取り付けます。全ねじボルトにボックスを取り付けることのできる部材が販売されていますので、今回はそれを使用してアウトレットボックスを取り付けることを想定します。

このほかにも、ボックスを使用しないジョイント部分に使用するタイプのジョイントボックスも売られています。照明の開口部が小さい場合でもこのタイプのジョイントボックスを使用すると、竣工後に開口部からジョイントボックスを引き出しやすくなります。

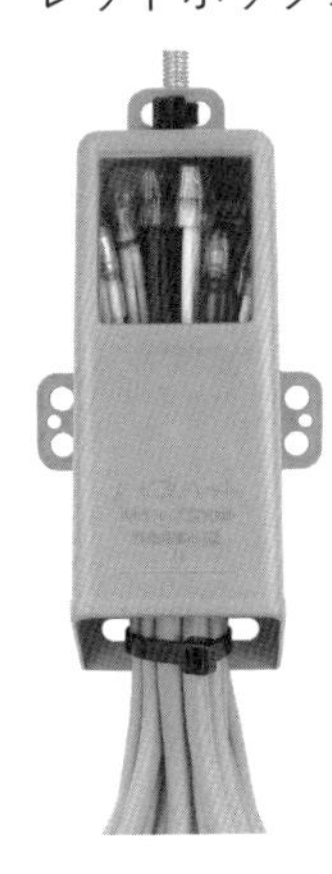

◀ **あとからかぶせるタイプのジョイントボックス**[17)]

ケーブルの配線と固定

ジョイントと器具の位置が決まったら各所からジョイントに集まるケーブルの配線を行います。

ケーブルは天井下地を支える全ねじボルトや、配線用に設けたインサートに吊り下げた全ねじボルトに、**ケーブルハンガー**を取り付けて配線の支持を行います。ケーブルハンガーにはさまざまなタイプのものがあります。使い勝手の良いものを選定しましょう。

配線の支持ピッチは2 000mm以下となっています。支持間隔を守り、配線経路の各箇所にケーブルハンガーを取り付けて配線を行い、あとから結束バンドなどでハンガーにケーブルを結束します。分岐回路の配線には、主に**VVFケーブル**（ビニル絶縁ビニル

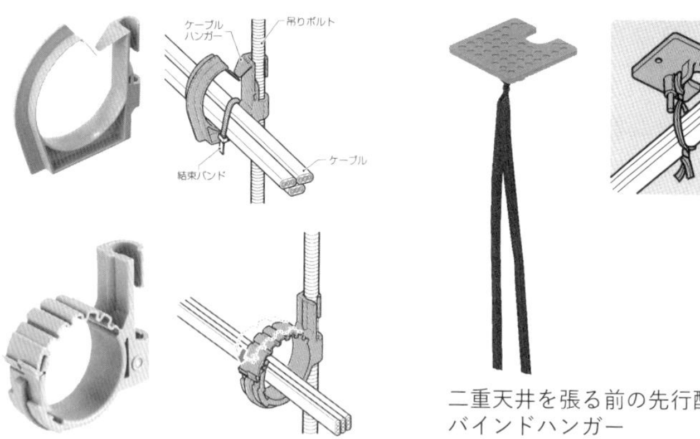

二重天井を張る前の先行配線用バインドハンガー

▲ケーブルハンガーの例[13)]

シースケーブル。以下、Fケーブル)が用いられます。配線作業にはFケーブル用のケーブルドラム(p. 120)やケーブルリールが便利です。

配線は、盤から各所、ジョイントから各器具、のように行うと複数本をまとめて配線することが可能です。配線するケーブルの両端付近には必ずケーブルの行先(器具の名称、スイッチ回路の記号、回路番号など)を記入しましょう。あとからどのケーブルがどこに行っているのかがわからなくなると、結線を行うときに非常に大変です。結線の際には、先端から150mm程度の外装被覆をはぎ取ってしまいます。そのため、被覆をはぎ取ったあとでもわかる位置に行き先を記入しましょう。

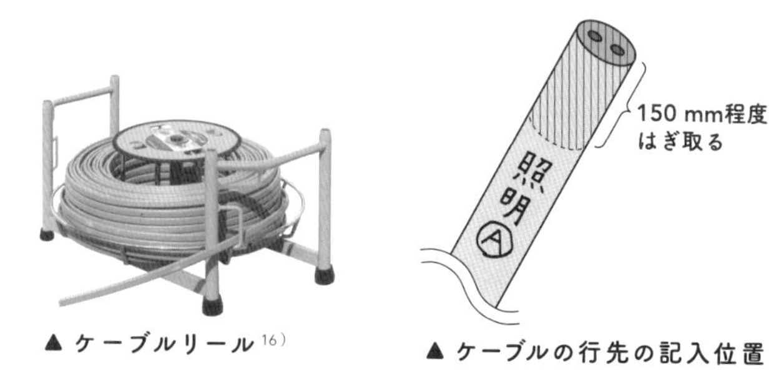

▲ケーブルリール[16)]

▲ケーブルの行先の記入位置

ケーブルは次の作業を考慮して収めるべし

一つのハンガーに複数のケーブルを結束する部分では、ケーブルの本数を多くても5本から7本程度までとします。これは、ケーブルを束ねることでケーブルからの放熱が悪くなってしまうことを防止するための措置です。現場によって束ねられる上限の本数が決まっていることがありますので、事前に確認を行いましょう。ケーブルは放熱が悪いと許容電流が落ちてしまいますので注意が必要です。

ケーブルは、盤、ジョイント、器具の各所で、必要な長さを考慮して丸めておきます。盤では分岐ブレーカーへの接続に必要な長さを確保しておきます。ケーブルの入り口からどのように取り回して接続するのかをイメージして、余裕を持った長さで盤の中に収めておきましょう。ジョイント部では、後の改修やメンテナンス時の作業性も考慮して長さを決定し、ボックスの中に収めておきましょう。照明器具の設置場所では天井ボードが張られたあとに器具への接続を行うことをイメージし、各器具に接続できる長さを確保しつつ、天井ボードを張る際に邪魔にならないように天井下地よりも上の部分にケーブルを丸めておきます。このとき、丸めたケーブルをビニールテープなどでしっかりと縛ってしまうと、天井ボードが張られたあとの器具付け作業で、ボードの開口部からケーブルを取り出しにくくなってしまうことがありま

▲ 丸めたケーブル[1)]

す。ケーブルの先端を、ケーブルを丸く束ねた部分に巻き付けるなどしておくと、後からケーブルが取り出しやすくなります。

作業は、自分が行った続きを別の人が行う場合があります。どうしたら次の作業を行う人が作業しやすいか、だれが見てもわかりやすいか、などを考えながら作業を行うようにしましょう。

スイッチボックスには、スイッチなどの器具がつなぎやすい長さになるよう余裕を見てケーブルを中に収めておきます。壁のボードが張られる際に、ボードとボックスの間にケーブルが挟まったりしないように、きっちりとボックスに収めておきます。

隠れてしまう場所の配線もきれいに

天井裏や壁内の配線を整然と美しく行うことは、見た目だけでなく機能性においても非常に重要です。天井裏の配線が整然としていると、後々のメンテナンスや事故・故障が起きた場合の修理がとても行いやすくなります。

ごちゃごちゃとクロスしていたり、無秩序に配線されていたりすると、目的のケーブルを追跡して問題を特定することが困難になってしまいます。一方で、行先表示や色分けがなされて適切に束ねられた配線は、必要なケーブルを素早く見つけ出すことができるため、作業の時間と労力を大幅に減らすことができます。将来の設備増設や拡張、改修工事の際にも同じことが言えます。

さらに、適切に整理しながら配線を行うことで、火災や漏電のリスクを低減することができます。ケーブルが適切に配線されていないと、自分たちが行う他の作業や、他業種が行う作業でケーブルに傷をつけてしまいやすくなり、これが原因でショートや火災、漏電につながることがあります。

また、専門家による施工といった観点からも配線の美観は重要です。プロ意識や質の高さを示すためにも配線作業は丁寧に行いましょう。美観、安全性、効率性、将来の拡張性を含めて考慮した施工が、質の高い施工であると言えるでしょう。

ボックス部開口　天井ボード開口

照明器具やコンセントを取り付けよう！——器具取付け（ボード開口）工事

スイッチボックスのボード開口の流れ

この節では、照明やスイッチ、コンセントなどの器具付け作業について解説します。器具付けの作業は軽量鉄骨下地に壁や天井のボードが張られ、仕上げが終わったタイミングで行います。

ボックスや電線はボードに隠れているので、施工するためにボードを開口します。

▲ボックス部開口

ボードに隠れたスイッチボックスは、建込み時に打った地墨など基準となる位置からの寸法で追い出す方法と、あらかじめボックス内に取り付けられた探知用マグネットを探知器で探す方法があります。

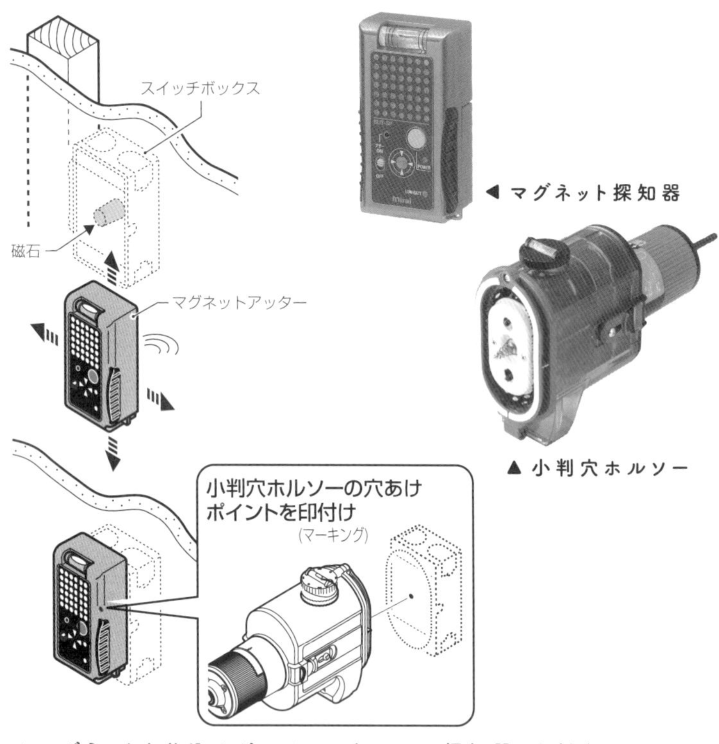

▲ マグネットを仕込んだスイッチボックスと探知器、小判穴ホルソーを用いたボックスの探知・穴あけ[13)]

照明器具のボード開口の流れ

天井に照明器具を設置するには、天井ボードを開口します。この作業が建築担当の工事区分の場合は、電気工事業者は墨出し作業まで行い、開口作業は行いません。

ボード開口を行う位置を特定するための墨出しは、図面の天井目地を目印に実物の天井目地の数で追い出す方法や、壁の仕上がり位置などから追い出す方法などがあります。天井が完全に仕上がっていて天井に墨を出せない場合は、床に養生テープなどを貼り、その上に墨を出してから、レーザー墨出し器で天井に墨を投射して作業を行います。

天井のボード開口では、ダウンライトやスピーカーなどを取り付けるために円形に開口する箇所と、埋込型のベースライトや点検口などを取り付けるために四角形に開口する箇所があります。円形の開口部の墨は、中心と開口の口径(p. 129 参照)、四角形の開口部では器具の中心から四つ角の墨を出します。

また、**引き廻しのこぎり**や**ホルソー**(ホールソー)などでの削孔時には、切粉が目に入ったり、吸い込んだりしないよう対策を行いましょう。照明工事を行う工程では、壁などの内装が仕上がっているケースもあります。汚れなどに細心の注意が必要な場合はきれいな作業手袋を着用し、ヘルメットや靴に汚損防止用のカバーを取り付けるなどの配慮が必要です。

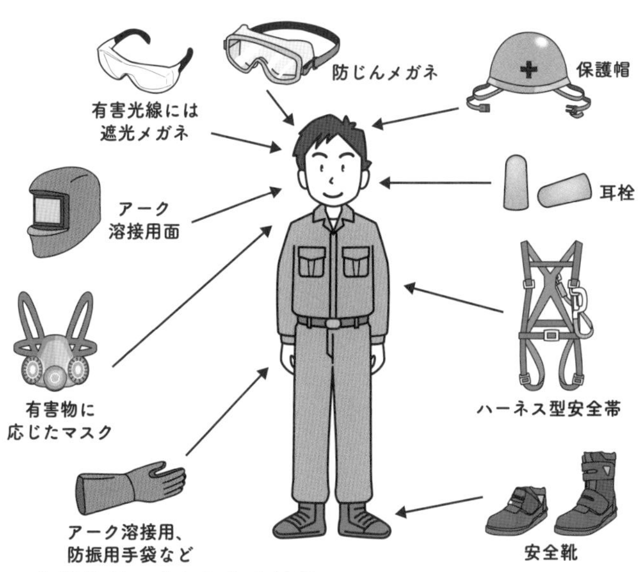

▲ 作業状況に応じた安全対策

コラム｜6　脚立を使うときに気をつけること

電気工事において、脚立は作業の効率化を図る上で欠かせない道具の一つですが、使用方法を誤ると転倒事故などの重大なリスクを招くため、正しい使用法を守ることが重要です。

〈適切な脚立の選定〉

- 使用する脚立は、作業に適したものを選定する。
- 脚立の高さは、2m未満のものでは2段目(天板の1つ下の段)、2m以上のものでは3段目(天板から2つ目の段)もしくは、それよりも下の段に立って作業を行える高さのものを選びます。
- 脚立の耐荷重や材質も事前に確認する。
- 本体、開き止め、滑り止めに不備のないものを選定する。

〈安全な設置〉

- 脚立は平坦で硬く、滑りにくい場所に水平に設置する。
- 不安定な場所や段差のある場所、斜めの場所では、専用のマットや板を使用して安定性を確保する。
- 完全に開脚して、開き止めを完全に機能させて設置する。

〈昇降時の注意点〉

- 両手足のうち3点以上を使って体を支持しながら昇降する。
- 両手に荷物を持って昇降しない(3点支持ができない)。
- 急な動作をしない(一段一段ゆっくり確実に)。
- 踏み桟(ざん)(昇降ステップ)の方を向いて昇降する(脚立に背を向けない)。

〈作業時の注意点〉

- 脚立は1人で使用する(同時に2人以上乗らない)。
- 脚立に物を乗せて使用しない。
- 天板に立たない、天板をまたがない。
- 脚立から身を乗り出して作業しない。

安全は何よりも優先されるべき事項です。毎日の安全確認を怠らないよう心がけましょう。

Chapter

5 その他の工事と竣工検査における電気工事の仕事

ここまで工程が進めば建物の完成は目前です。本書では代表的な電気工事を紹介していますが、現場によってはエレベーターやポンプなど電源の接続だけを請け負うことがあるかもしれません。
ここでは、その他の工事として非常用発電設備、太陽光発電設備、外構工事と工事終了後に実施する竣工検査について学んでいきましょう。

予備電源　非常電源

停電時に活躍する——非常用発電設備工事

いざというときの電源設備

非常用発電設備は、事故や災害などにより停電が発生した場合に、防災設備などの電源を確保するための発電設備です。

ここでいう**防災設備**には、消防設備、警報設備、避難設備、消火活動用設備、防火設備が含まれます。このうち防火シャッターなどの防火設備に電力を供給するための電源は、建築法により**予備電源**と定義されています。スプリンクラーなど、それ以外の設備に電力を供給する電源は、消防法により**非常電源**と定義されています。予備電源と非常電源では要求基準が異なります。どちらか一方の基準を満たせばよいのか、それとも両方の基準を満たさ

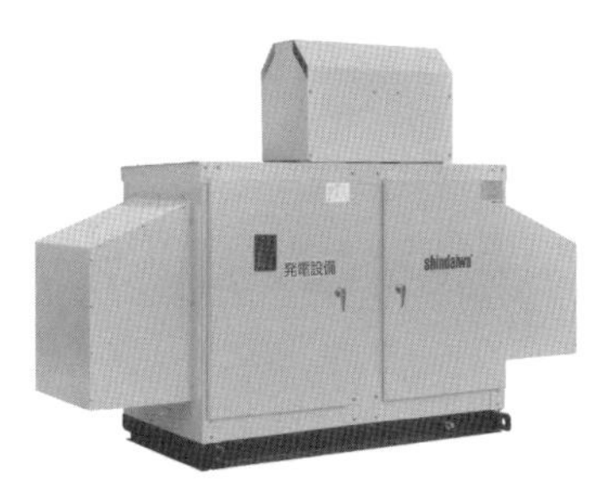

▲ 非常用発電設備[3)]

なくてはならないのかを確認して機種の選定を行います。

ここでは、キュービクル式発電機を屋上の受変電用キュービクルの付近に設置することを想定しますが、このとき、搬入据付け、電線つなぎ込みの作業は受変電用キュービクルと同様です。ただし、停電時に発電機から電力を供給する消防用設備との間の配線には、耐熱電線や耐火ケーブルを使用する必要があります。

監督者は、事前に非常用発電設備導入のための計画を行います。以下は計画を立案する際に考えるべきことの例です。

- **非常時に必要となる電源容量を賄うことのできる適正な発電機の選定**
- **揚重方法や耐震措置、更新時の搬出経路など、据付けに関する事項**
- **近接物との離隔距離や、保管する燃料の容量により危険物の対象となる場合の対応など、消防法規に合致しているかについて、所轄消防署との事前打合せ**
- **屋上設置の場合、設置場所にかかる重量が建物の構造上、問題にならないか**
- **屋内の場合は不燃区画で区画されている場所であるか**
- **燃料容量に見合った消火設備があるか**
- **燃料の補給方法が困難でないか**
- **経済産業省や電力会社との事前打合せ**
- **設置場所の騒音、排気、振動は考慮されているか**

• 各種条例に関する手続きの把握と実施

計画に不備があると工事が止まってしまうおそれがあります。計画の立案を行う際は、必要となる要素を丹念に洗い出しましょう。

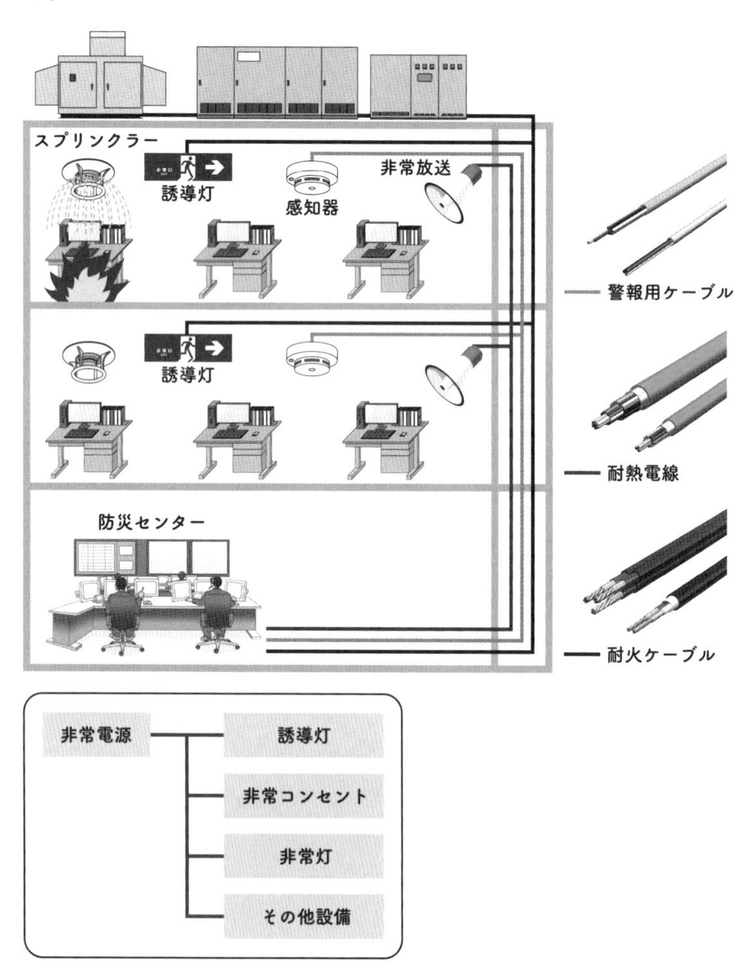

▲ 消防用ケーブルの配線例

42 再生可能エネルギーの代表格！──太陽光発電設備工事

太陽光発電設備の概要

太陽光発電設備は、太陽光をエネルギー源として電力を発生する**太陽電池モジュール**（太陽光パネル、ソーラーパネル）で発電した直流電力を、交流電力に変換して利用するための設備をいいます。また、これらはソーラー発電システムなどとも呼ばれています。

ソーラー発電システムは、主に太陽光発電モジュールと直流電力を交流電力に変換するための**パワーコンディショナー**（パワコン）で構成されます。導入するパワコンの仕様や台数によっては、**接続箱**や**集電盤**などが必要になる場合があります。また、太陽光発電モジュールを設置するための**架台**も必要です。

ソーラー発電システムを構築するための機器は、さまざまなメーカーからさまざまな仕様の製品が販売されています。選定は予算、必要となる発電容量、太陽光発電モジュールの設置場所、売電(系統連系)の有無、自家消費の有無などの条件を考慮して行います。そして、これらの要素をもとにシステムの設計、施工を行います。また、事前に監督者による電力会社や経済産業省への申請が必要です。

▲ 架台に設置された太陽光パネル[1)]

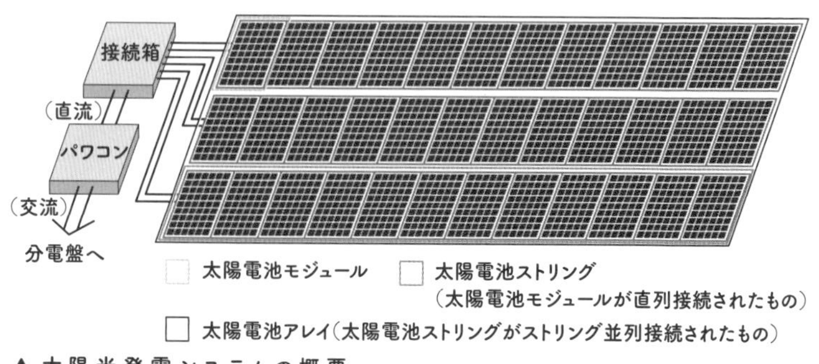

▲ 太陽光発電システムの概要

コラム 7 ビルにおける太陽光発電設備と蓄電設備の普及拡大

近年、エネルギーの持続可能性と環境への配慮がますます重視される中、ビルにおける太陽光発電設備と蓄電設備の普及が急速に進んでいます。

太陽光発電は、太陽光を直接電力に変換することができるエネルギー源です。屋上や外壁、駐車場など、さまざまな場所に設置することで、都市部でも再生可能エネルギーを効率的に活用できます。特に、物流倉庫や商業施設では、大規模な屋上スペースを活用して大量の電力を発電できるため、導入が進んでいます。

蓄電設備に発電した電力を貯蔵することで、ピーク時の電力需要に対応でき、電力の無駄を減らすことができます。また、天候に依存することなく電力の供給を行うことができるため、太陽光発電の欠点である不安定な発電を補完することができます。さらに、災害時や停電時にも蓄電池に蓄えた電力を利用することで、ビル内の重要な設備や機器を稼働させ続けることが可能です。

このように、太陽光発電設備と蓄電設備の導入には、環境負荷の低減、エネルギーコストの削減、エネルギー供給の安定化など、大きなメリットがあります。以前は発電した電力を売電して利益を得ることが中心であった太陽光発電ですが、現在では蓄電池と組み合わせて電力を自家消費することが主流となりつつあります。太陽光発電と蓄電池の組合せは今後、さらに多くのビルで導入が進むことが見込まれます。

また、これらの発電設備、蓄電設備と省エネ設備を効率的に運用するためのBEMS(ビル用エネルギー管理システム)の普及も進んでおり、これからの電気工事は、以前のビル工事には必要とされなかった、再生可能エネルギー、蓄電池、ネットワークの配線知識なども必要とされる時代になるでしょう。

43 建物の外もエレガントに！ ——外構工事

外構工事の概要

外構工事は現場敷地内建物の外周りの工事です。外構の電気工事には、屋外照明や引込みのための埋設管や引込柱の建柱工事が含まれます。

この節では、ビルなどの外灯照明の工事について解説します。

外灯照明には、ガーデンライトや、街路灯、**投光器**などがあります。

街路灯などは、**ポールセッター**（穴掘建柱車）や高所作業車などを使用するケースもあります。**道路使用許可申請**など必要な書類を工程に合わせて準備します。

また、掘削の際に土中から水が湧き出る場合などがあるため、

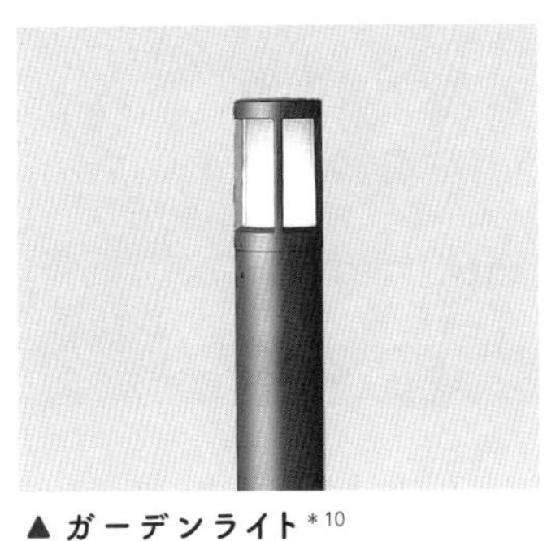

▲ ガーデンライト *10

▲ 街路灯 *11

必要に応じて湧水ポンプを設置しましょう。さらに、照明用ポールの基礎にコンクリートを使用する際に、工具などにコンクリートが付着した場合は、しっかりと洗い流します。特にアルミ製品(脚立やはしごなど)は、腐食するおそれがあるので気をつけましょう。ポールの固定に使用するアンカーボルトには、コンクリートが付着しないよう事前にテープなどで養生します。

外構工事のときにはコンクリートの打設場所まで**生コン車**(ミキサー車)が入れないケースがあります。そのような場合は、**手押し車**(一輪車、**ネコ**)で生コン車から打設場所まで運搬します。

▲ 一輪車（ネコ）

44 安全に安心して設備を使うために！——自主検査と送電試験

竣工検査＝最終確認

自主検査、送電試験は工事が完了し、客先に建物を引き渡す前に行います。当然の話ですが、建物を引き渡す際には、完璧に仕上げておく必要があります。そのために「施工した設備に不備がないか」を確認するのが竣工前の自主検査、送電試験です。

不備が発見された場合には、速やかに是正を行いますが、器具の取付け位置や導通確認など、施工時に行えるチェックはその都度行っておくことが肝心です。施工時のチェックをしっかりと行ったうえで、総仕上げの最終確認として検査・試験を行います。

すべての検査・試験は、それらを行う際の外気条件、検査範囲、環境などを明確にして行います。検査・試験の各項目について、その結果は試験成績表を記録書にまとめます。また、総合連動試験など手順書が必要な作業には、詳細な手順書を作成しておきます。

受電前検査の概要

検査・試験の作業には受電前までに行うものと、受電後に行うものとがあります。まずは、受電前に行う作業を見ていきましょう。受変電設備などの電気設備で受電前に行う作業としては次の項目があげられます。

- **目視検査**
- **接地抵抗測定**
- **絶縁抵抗測定**
- **絶縁耐力試験**（**耐圧試験**）
- **継電器試験**（**保護装置試験**）

目視検査では、施工したすべての設備・機器を目視で点検していきます。設備・機器の傷や汚れ、色や仕様、台数などが計画と一致しているか、また、取付け位置が図面と一致しているかなどを一つ一つ確認します。端子のゆるみや導通、電線の行先表示などもチェックする場合があります。

接地抵抗測定は施工時にも行っていますが、この段階で再度測定を行います。これは、土中の水分状態や土と接地極の密着度が接地抵抗値に影響を与えるためで、時間経過によるこれらの状態変化で接地抵抗が規定値をオーバーしていないかを確認します。測定した値は必ず測定実施記録に記録します。

絶縁抵抗測定（**メガーリング**）は、電線やケーブルの絶縁が規定値以上の性能を確保していることを確認するために行います。

絶縁抵抗測定には、短絡に対する絶縁性能を確認するための線間測定と、漏電に対する絶縁性能を確認するための対地間測定があり、基本的にブレーカーで区切られた区間ごとに行います。

線間、対地間、どちらの測定を行う場合にも、絶縁抵抗計の電圧に気をつけましょう。精密な機器などが接続された回路では、絶縁抵抗計の電圧で機器を壊してしまう場合があります。基本的には、測定の対象となる回路で、竣工・引渡し後に使用する電圧に近い電圧で測定を行えばよいでしょう。

ただし、測定の電圧は現場や会社のルールとして決まっている場合があります。その場合は決められたとおりの電圧で測定を行います。

絶縁耐力試験は、高圧電路が規定値以上の絶縁性能を確保していることを確認するための試験です。高圧電路に試験電圧を印加して試験時間中の漏れ電流を計測します。試験電圧は交流の場合10 350V、試験時間は10分間です。

なお、検査で使用する測定器や試験機は何もせずに使い続けると誤差が生じやすくなります。年に1度はメーカーの校正を受けて正しい測定ができていることを証明しましょう。

受電後検査の概要

次に受電後に行う検査・試験について解説します。

- **動力回路**（電圧、相回転）
- **電灯コンセント**（電圧、極性）
- **照度測定**
- **連動試験**

送電された電力が既定の電圧であるかを、各所にあるブレーカーの端子で、電圧計や回路計を使ってチェックします。また、電圧とともに相回転計を使って**相回転**※のチェックを行います。相回転が**正相**であれば問題はありませんが、**逆相**になっている場合は是正が必要です。逆相のままモーターなどを稼働させると事故や機械故障の原因になってしまいます。これらの数値や回転も記録に残します。

※**相回転**：動力回路の三相3線式回路には、R相・S相・T相という3本の電源線があります。各相には位相差があるため順番（相順）があり、その相順により相回転が変わります。

ブレーカーでの電圧チェックと相回転のチェックが終わったら、機器への送電を行い動作確認を行うことができます。送電後の動作確認を行うものとして代表的なのはコンセントと照明です。

コンセントでは電圧確認を行います。100Vのコンセントは、どちらの端子に接地線側を接続するかが決まっており、これを**極性**といいます。極性を誤って電線を接続すると、感電事故などにつながるおそれがありますのでチェックが必要です。極性のチェックは極性チェッカーを用いて行うと便利です。万が一、極性が間違っていた場合には正しく結線しなおしましょう。チェックの結果は必ず記録に残します。

照明の動作確認では、スイッチと照明の連動が設計どおり行えるかどうかのチェックを行います。また、照明による**照度分布**が設計どおりであるかどうかを確認するために照度測定も行います。**照度測定**は、窓からの太陽光など、対象となるエリアの照明以外の光が入ってしまうと正確な測定が行えませんので、遮光できる場合は遮光し、遮光できない場合は夜間の測定などを検討しましょう。

測定は、対象となるエリアを等間隔のマス目状に区切って測定ポイントを決定し、各ポイントにおいて所定の高さで照度計を使って行います。照度計の電源は検出器の蓋が閉まった状態でONにしましょう。こうすることで照度計のゼロ調整が行えます。各ポイントの測定値は必ず記録に残します。これらの数値でエリア内の照度分布と平均照度を割り出すことができます。

さらに、消防検査に必要な**非常用照明**などの照度測定も行います。

電気設備の停電復電試験、防災設備の**連動試験**、**総合連動試験**など、シーケンスフローを持つ設備が**シーケンス**どおりに動作するかを確認するための試験を行います。シーケンスフローとは、例えば火災が起きたとき、火災報知器が検知してスプリンクラーと防火シャッターを連動動作させることなどをいいます。

これらの試験は大掛かりになることが多いため、関係者のスケジュール調整や手順書の作成など、事前の準備を念入りに行いましょう。また、試験の結果はチェック表を作成して記録に残します。

引渡し前の最終確認となりますので、間違いのないよう念入りに行いましょう。

▲ 照度測定[18)]

竣工検査

消防検査　建築確認検査

45 建物の引渡しの最終審査！——官庁検査・取扱い説明会

官庁検査の種類と概要

官庁検査には、主に**消防検査**と**建築確認検査**があります。「消防検査」は、消防用設備が法定どおりに設置されていることを確認するための検査で、建物の所在地を管轄する消防署が行います。電気工事業者は多くの場合、消防設備の工事を担当した専門業者とともにこれに立ち会います。

消防用設備等の設置届を所轄の消防署に提出する際に、消防検査の実施日程の調整を行います。検査当日は停電確認検査が行われるので作業を行うことはできません。設置届の提出までに工程や関係者のスケジュール調整を行いましょう。検査を行う消防署員の車両を駐車できるスペースの確保も行っておきます。

対象となる設備は、**自動火災報知設備**、非常放送、**誘導灯**、防火戸などです。事前に各設備に**消防認定番号**が記載されたシールが貼られているか、誘導灯のバッテリーは充電されているかなどを確認しておきましょう。また、検査当日は離れた場所にある設備どうしの連動を確認する検査も行われるため、トランシーバーなどの連絡手段も準備しておきましょう。

「建築確認検査」は、国土交通省が管轄する建物の使用開始に必要な検査です。多くの場合、確認検査機関として指定されている業者が行い、電気工事業者は電気設備の担当者としてこれに立ち会います。

対象となるのは、避雷設備、非常用照明、防火区画貫通処理、機械排煙設備、換気設備などで、実際の建築物が設計図書どおりに施工されているか、それらが法規に則っているかの確認を行います。

事前に対象となる各設備の測定データや施工写真を整理して**工事監理報告書**にまとめておく必要があります。また、消防検査と同様に各専門業者の立会いが必要になりますので、スケジュールの調整も行っておきます。

この検査に合格することができないと建物の引渡しができないため、予定の期日に建物の使用を開始することができません。そうなると補償問題に発展しかねませんので、事前の準備は念入りに行いましょう。

次に**取扱い説明会**ですが、これは各検査に合格し、引渡しが決定してから行います。

各設備の取扱い説明書、保守点検の方法などを記載した資料を準備したうえで、説明不足による動作不良や故障などの問題を避けるため、使用者にわかりやすい説明を行いましょう。

Chapter

6 他業種の仕事も押さえよう

これまでの解説で、電気工事のおおまかな流れと、他業種と協力し合って建物を作っていく様子がイメージできたのではないでしょうか。電気工事をより深く知り、現場を円滑に進めるためには、他業種の方々がどのような仕事を行っているのかを知ることが大切です。

46 とび・土工・基礎工事業

現場の華といえば

ここからは、建築工事の中で電気工事業者とかかわりのある他の職種について説明します。一つの建物を建てるためには、さまざまな職種の業者が連携して工事を進めなければなりません。そのためには各工程でどのような職種の方と、どのようなかかわりが生まれるのかを知っておく必要があります。仕事を円滑に進めるには他の職種の方々の協力が必要不可欠です。毎日の挨拶やちょっとした手伝いなどを積極的に行い、良好な関係を築きましょう。

この節では、とび・土工・基礎工事業の方々の仕事の概要と、電気工事業者とのかかわりについて見ていきましょう。

とび・土工・基礎工事業者の主な仕事は次の内容です。

- **足場の組立て**
- **機械器具・建設資材など、重量物の運搬・配置**
- **鉄骨などの組立て**
- **杭打ち、杭抜きなど**
- **土砂などの掘削、盛上げ、締固めなど**
- **コンクリートの打設、圧送など**
- **その他、地盤改良や土留め(どどめ)など**

とびとはもともと高所作業を専門に行う職人の総称でしたが、現在ではそれぞれの専門性に応じて**重量とび**や、**鉄骨とび**など、さまざまな呼び名が存在しています。

土工は根切り、掘削など土工事にかかわる職種で、大型のバックホーなどを操作するオペレーターもこの職種に属します。

基礎工事業は基礎杭の打込みや引抜きなど基礎杭に関する工事を行う業種です。大型の杭打ち機などで建物の基礎を固めます。また、業種名にはありませんが、生コンクリートの打設など、コンクリートに関する工事もこの業種に属します。

これらの中で、特に電気工事業者とかかわりのある職種は、とび、土工、**重量工**(重量とび)です。電気工事に使う資機材の搬入に関して、大きな搬入物などは足場に引っかかって搬入できなくなる可能性があり、搬入経路を確保するために足場計画の段階でとびの方と協議を行う必要があります。また、現場の仮設電気設備の工事を行う場合においても、足場に設置する仮設分電盤や照明器具などの取付け位置や配線ルートに関して、事前にとびの方の了解を得るとよいでしょう。

接地極打設の際には、打設箇所で重機と近接作業にならないかなどについて、土工の方と打合せが必要です。

キュービクルなど重量物の搬入を行う際には、重量とびの方々にお世話になるケースが一般的です。重量機材の搬入を依頼する場合は、搬入物の大きさや重量、搬入経路などを事前に連絡しておきましょう(予算などの関係で自社で行う場合もあり)。

47 鉄筋工事業

電気工事と最もなじみ深い他業種

鉄筋工事業とは、コンクリートのスラブや壁の中にある鉄筋を組み上げるための工事を行う業種です。加工場で曲げ加工などが施された鉄筋を現場で組み上げます。この際に鉄筋どうしをつなげる嵌合（かんごう）作業を行ったり、ハッカーを使って結束線で鉄筋どうしを結束したりします。

電気工事業者は、基礎工事や躯体工事の際に特に鉄筋工事業者とかかわることになります。例えば、避雷針を構築するための鉄筋部分では、電線接続用銅バーの溶接をお願いすることがあります。このとき、銅バーの確認を兼ねて避雷針用の鉄筋が設計図どおりに施工されているかを確認します。また、躯体の鉄筋工事では、箱抜きスリーブの開口部補強を依頼することがあります(㉘：開口部用スリーブの設置 参照)。開口部には、鉄筋工事業者がわかりやすくマーキングを行ってくれます。補強後は仕様どおりの施工がなされているか、確認して施工写真を撮影しておきます。

電気工事業者の仕事の多くは、鉄筋工事業者の施工物の中で発生します。そのため、組み上がった鉄筋の上で作業を行う必要があります。また、スリーブを図面どおりに設置しようとすると鉄筋と干渉することもあります。

鉄筋上での作業は、他職種の施工物の上で行っているという意識をもって丁寧に行う必要があるでしょう。鉄筋は建物の強度を計算して適切な位置に配筋されています。そのため、施工箇所が鉄筋と干渉する場合は勝手に鉄筋をずらしたり曲げたりせずに、必ず確認を行ってから作業を行わなくてはなりません。

また、現場の同じ区画内で同時に作業を行う場面では、工程の確認と事前打合せをよく行う必要があるので、日常的にコミュニケーションをとれるような関係を築いておくことが重要です。

鉄筋の役割と重要性

RC造における鉄筋の役割は、建物の強度と耐久性を確保することです。コンクリートは圧縮に強い一方、引っ張りに弱いため、引っ張り力を受ける部分に鉄筋を配置することで、強度を補完します。

鉄筋は、建物の骨格を形成し、地震や風などの外力に対する耐久性を向上させる役割も果たします。計算に基づいて適切に配置され、しっかりと結束されることで、コンクリートとの一体化が進み、建物全体の強度が向上します。

また、鉄筋の腐食防止や適切なかぶり厚さ(**コラム4** 参照)の確保も重要です。RC造の品質と安全性を確保するためには、鉄筋工事業者が行う鉄筋の選定、配置、結束、防錆(ぼうせい)処理が、欠かせない重要な工程です。

インサート打込み　開口部墨出し　躯体壁への埋設配管

48 大工工事業（型枠）

型枠工事にかかわる作業遅れに注意

大工工事業は部材を加工して建物をつくる工事を行う業種です。木造住宅では木造大工、型枠をつくるのは型枠大工、内装の木製部分を構築するのは造作大工、というように大工にもさまざま仕事があります。

RC造の建物では主に躯体工事で型枠大工の方々とかかわることになります。特に多いのは、インサートの打込みと開口部の墨出し作業を行うときです。完成していない型枠は、倒壊するおそれがあります。型枠の上で作業する際は、必ず大工工事業の方に許可を得てから乗るようにしましょう。他には、躯体壁に配管を埋設する作業の際にかかわることが多くなります。

壁の型枠は、片面を形成→鉄筋を組む→もう片面の型枠を形成する流れでつくられていきます。壁に埋め込むボックスの取付けや配管は、片面の型枠が形成され鉄筋が組まれたタイミングで行われます。絶対にタイミングを逃すことができないため、こまめにコミュニケーションを取りましょう。

型枠の役割

RC造における型枠は、コンクリートを所定の形状に成形し、硬化するまでの間、その形状を保持するために欠かせない重要な役割を果たします。型枠はコンクリート構造物の品質と精度を左右するため、設計、製作、施工の各段階で慎重に取り扱われます。

〈型枠の基本的な役割〉

形状の維持：型枠は、コンクリートが硬化するまでの間、所定の形状を保持します。これにより、壁、柱、梁、床などの構造要素が設計通りの形状と寸法で仕上がります。型枠の設置精度が高いほど、品質の高い構造物を構築することができます。

荷重の支持：型枠は、コンクリートの重量および施工中に発生する荷重を支持します。特に、コンクリートの打設時には大量の重量が型枠にかかるため、相応の強度と安定性が求められます。型枠がしっかりと固定されていないと、形状が崩れたり、コンクリートが漏れ出したりして、設計通りの構造物を構築することができません。

表面仕上げの確保：型枠の表面状態は、コンクリートの表面仕上げに直接影響します。型枠の材質や表面処理が適切であることにより、コンクリート表面を均一で滑らかにすることができます。特に、見える部分の仕上げが重要な場合、型枠による品質管理が重要です。型枠がコンクリートと接する面には傷をつけないように気を付けましょう。

型枠は、使用後もメンテナンスを行うことで再利用が可能です。特に金属製の型枠は耐久性が高いため、多くの現場で繰り返し使用されます。勝手に加工や廃棄をしてはいけません。

49 左官工事業

壁の補修でお世話になることも

左官工事業は、建設業許可において「工作物に壁土、モルタル、漆くい、プラスター、繊維等をこて塗り、吹き付け、又ははり付ける工事」とされています。

RC造の工事では、躯体コンクリートの補修、内外装の仕上げ工事などを行っています。

左官工事業者とは躯体補修などでかかわることがあります。躯体補修は完成した躯体の上に補修材を塗っていく作業です。そのため電気工事業者が打った墨が塗りこまれないように補修をお願いする必要があります。また、ボックス位置の補修などで、はつったコンクリートを補修してもらうこともあります。

50 内装仕上げ工事業（ボード開口、建込み配管）

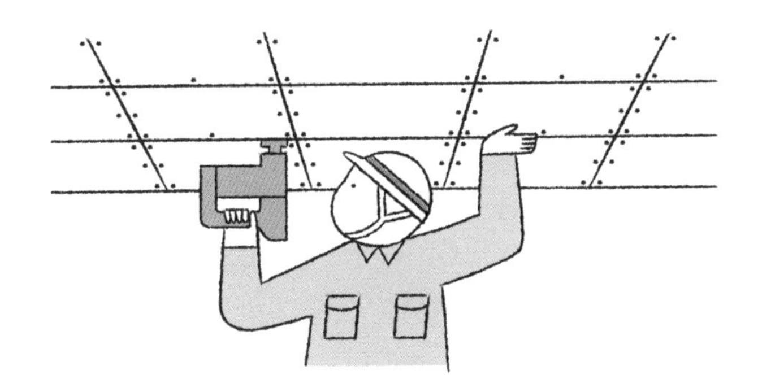

照明、コンセント工事でのパートナー

RC造の建物における内装仕上げ工事業には下記のような職種が含まれます。

- **内装間仕切り工事**
- **天井仕上げ工事**
- **壁張り工事**
- **床仕上げ工事**

この他にも、ふすま工事や防音工事が含まれますが、建物や部屋の用途によって工事にかかわる職種が異なります。これらの仕事のなかで、特に電気工事業者とかかわりがあるのは、間仕切り工事業や天井仕上げ工事業の方々、軽量間仕切りなどに石膏ボードを張り付ける壁張り工事業の方々、床仕上げ工事業の方々です。

床下に配管を行う際、配管の立ち上げ部で置き床(スラブの上に設けられた二重床)を貫通する必要があるときなどは、必ず床仕上げ工事業の方に声をかけて了承を得なくてはなりません。このような作業を行う場合は、施工後に置き床によって配管等がつぶされていないか確認を行いましょう。

照明、スイッチ、コンセントなど、器具の墨出し位置と軽量鉄骨の位置がぶつかってしまい軽量鉄骨を切断する必要がある場合は、断りを入れてから作業を行わなくてはなりません。間仕切り工事業の方に開口依頼をして作業を行ってもらえる場合は、わかりやすいようにマーキングしましょう。

内装仕上げ工事における電気工事業者の作業は、主に間仕切り工事業、天井仕上げ工事業の方々の工事の進捗を追いかけることになります。逐次、作業進行状況を把握するため、こまめにコミュニケーションを取りましょう。

また、石膏ボードを損傷してしまった場合は壁張り工事業の方に補修を行ってもらうことがあります。特に照明器具取付けの際のボード開口工事(㊵参照)はミスが発生しやすいので、関係を構築しておくことが望まれます。

内装仕上げの役割

内装の仕上げは、建物の美観と機能性を高める重要な役割を果たします。壁や天井、床の仕上げは、空間の印象を決定づけ、住み心地や使い勝手に大きく影響します。また、仕上げ材は断熱性や音響性、防火性などの性能を向上させるためにも用いられます。さらに、汚れや傷を防ぎ、メンテナンスを容易にする役割もあります。

竣工後、建物の利用者の目に直接触れる部分となりますので、器具付けなどの作業を行う場合はしっかりと養生を行い、汚したり、傷を付けたりしないように細心の注意を払いましょう。

51 管工事業

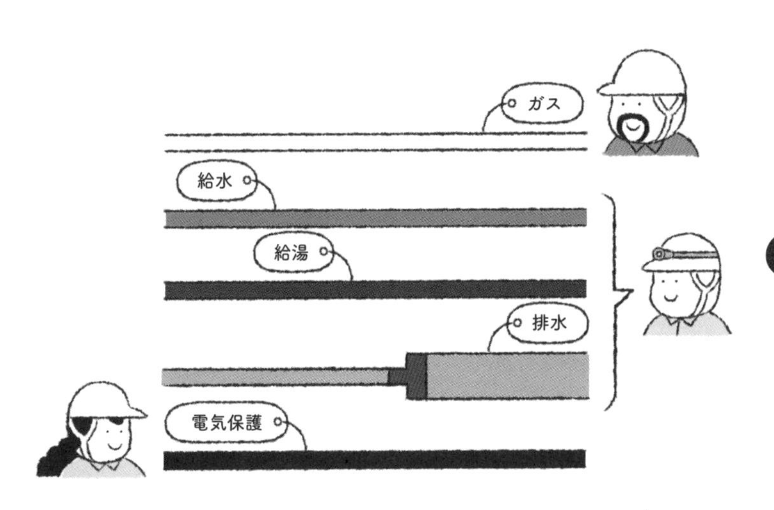

業務のシンクロ率が高め

空調、給排水・衛生などにかかわる配管の工事や、設備の設置工事を行うのが、管工事業者です。これらの配管は、電気の配管や配線路と近接する場所で工事が行われることが多いため、電気工事業者とはかかわりの深い職種です。特に空調、給排水、ガス工事業者とかかわることが多くなります。

電気の配線ルートは上記の職種と計画の段階で事前にルートの**取り合い**を決定しておく必要があります。ルートが重なる部分では、施工時に配線の高さなどを決定します。また、空調機器には電源工事を行う場合があるため、空調機器の取付け位置なども把握しておきましょう。

空調配管などに巻かれた断熱材の膨張を抑えるために使用される金網と配線が交差してしまう場合は、配線側に防護管を設けるなど、漏電による火災を防止するための措置を講じましょう。また、ガス配管などのように電気配線との離隔距離に法的な定めがある場合は、必ず遵守しなければなりません。

管工事業者の方々とは、建築工事の初期段階から終盤に至るまでさまざまな場面でかかわることになります。いつでも話しかけられるような関係を築いておきましょう。

ビルの配管

ここでは、ビルに設置される主な配管について見ていきましょう。

給水管：ビル内の各所に地下水や水道水を貯水タンクや給水ポンプを通じて各階に分配します。材質には耐腐食性の高いステンレス鋼や塩化ビニル管が使用されます。

排水管：使用済みの水や汚水をビル外に排出する配管です。トイレ、シンク、シャワーなどからの排水を集め、下水道や浄化槽に導きます。塩化ビニル管や鋳鉄管が一般的で、適切な勾配を保ち、詰まりや逆流を防ぎます。

空調管：ビル内の温度調整と空気品質を維持する配管です。冷媒を循環させる冷媒配管、空気を供給するダクト、温水や冷水を供給する配管が含まれます。銅管や鋼管、アルミダクトが使用され、断熱処理が施されます。

ガス管：ビル内にガスを供給する配管です。調理や暖房、給湯に使用され、都市ガスやプロパンガスが供給されます。

スプリンクラー管：火災時に自動で水を散布して火災を抑制する消火設備です。耐圧性、耐火性が高い材料で作られています。

雨水排水管：屋根やバルコニーに溜まった雨水を排出します。塩化ビニル管や金属管が使用されます。

通信配管：インターネット、電話、テレビなどの通信ケーブルを保護し、配線を整理するために使用されます。塩化ビニル管や金属製の配管が一般的です。

52 消防施設工事業

電気工事業が一部工事を担当するケースも

消防施設工事業者は、火災警報設備、消火設備、避難設備など消火活動に必要な設備や工作物を設置します。電気工事業者が受注して消防施設工事業者に発注する場合が多い工事です。

工事を依頼する際は、事前の打合せの段階で設計書に示された仕様どおりに機器、材料の機器仕様書を作成してもらうようにしましょう。受け取った機器仕様書は内容を確認して、各所に承認を得る必要があります。承認後に機器・材料の発注を行ってもらうよう依頼しておきます。事前の消防関連手続きの依頼も忘れずに行いましょう。また、自主検査、建築確認検査、消防検査など各種検査で立会いが必要な場合には、依頼しておきましょう。

53 防水工事業、塗装業

屋根への工事の際は要相談

防水工事業はアスファルトやモルタル、シーリング材などを使用して、建物内部への雨、雪、水などの侵入を防ぐための工事を行う業種です。一方、塗装業は塗料、塗材などを建物などに吹き付ける、塗り付ける、貼り付ける工事を行う業種です。

電気工事業者と特にかかわりがあるのは、防水工事業になります。

屋上など防水工事が行われる箇所にあと施工アンカーを打設する必要がある場合は、防水施工前の作業が必要なので防水工事の工程を確認しておく必要があります。

54 機械器具設置工事業（エレベーター工事）

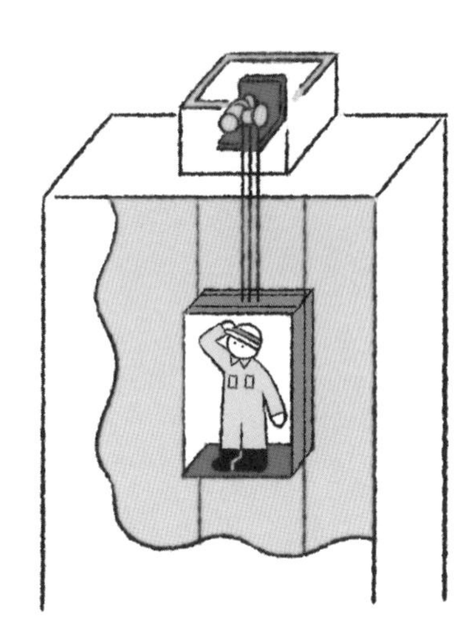

機械器具設置工事の概要

機械器具設置工事業は、機械器具の組立てなどによって工作物を建設する、もしくは工作物に機械器具を取り付ける工事を行う下記のような業種です。

- **運搬機器設置工事**
- **プラント設備工事**
- **内燃力発電設備工事**
- **揚排水機器設置工事**
- **立体駐車設備工事等**

RC造の建物でよく導入されるエレベーターや揚水ポンプ設備は電源が必要となるので、配線や配管のルートなどを打ち合わせて、施工後に試運転調整を行ってもらうようにしましょう。

写真・図版提供

1）東光電気工事株式会社
2）河村電器産業株式会社
3）やまびこジャパン株式会社
4）日本車輌製造株式会社
5）志村満
6）株式会社昭電
7）株式会社関電工
8）一般財団法人関東電気保安協会
9）日本コンクリート工業株式会社
10）古河電気工業株式会社
11）浅香工業株式会社
12）三笠産業株式会社
13）未来工業株式会社
14）ネグロス電工株式会社
15）サンコーテクノ株式会社
16）育良精機株式会社
17）株式会社カワグチ
18）日置電機株式会社
19）鬼塚電気工事株式会社
20）ジェフコム株式会社

参考・引用文献

＊1　株式会社きんでん編『できる合格　給水装置基本テキスト』オーム社、2016年、7頁をもとに作成。

＊2　「接地工事超入門」『電気と工事』（オーム社）2019年8月号、56頁をもとに作成。

＊3　「接地があれば感電しない？～基礎編～」『電気と工事』（オーム社）2019年3月号、73頁をもとに作成。

＊4　未来工業『電設資材総合カタログ2023–2024』335頁の図をもとに作成。

＊5　同上、307頁の図をもとに作成。

＊6　一般社団法人公共建築協会編『電気設備工事監理指針（令和4年版）』建設電気技術協会、2022年。

＊7　あんぜんプロジェクト「歩行用仮設材の見える化」（厚生労働省）。
https://anzeninfo.mhlw.go.jp/anzenproject/concour/2017/sakuhin1/n387.html

＊8　未来工業『電設資材総合カタログ2023–2024』、754頁の施工要領図をもとに作成。

＊9　『総点検実施要領（案）【道路標識、道路照明施設、道路情報提供装置編】参考資料』（国土交通省道路局）平成25年2月、21頁。

＊10　パナソニック ウェブサイト　電気・建築設備、照明器具
NNY22267K「LEDローポールライト」。
https://www2.panasonic.biz/jp/catalog/lighting/products/detail/shouhin.php?at=mvdetail&ct=zentai&id=S00344553&hinban=NNY22267K

＊11　同上
DYDX4066+NNY24937 LF9「LEDモールライト」。
https://www2.panasonic.biz/jp/catalog/lighting/products/detail/shouhin.php?at=keyword&ct=zentai&id=S00344288&hinban=DYDX4066%2BNNY24937

＊12　「1日も早くベテランになるための　現場で見る施工図」『電気と工事』（オーム社）2010年10月号、26頁。

INDEX

あ行

か行

さ行

た行

な行

は 行

ま行

や行

ら行

わ行

アルファベット・記号

数字

〈著者略歴〉
大 木 健 司 （おおき けんじ）
学校法人電子学園　日本電子専門学校　電気工事技術科テクニカルチーフ。
電気工事会社での勤務を経て2012年より日本電子専門学校電気工事技術科に勤務。
著書に『図解入門　現場で役立つ屋内配線図の基本と仕組み』（共著）や『図解入門 現場で役立つ第二種電気工事の基本と実際』（以上、秀和システム）などがある。

執筆協力：株式会社 新和電工
イラスト：川添 むつみ
本文デザイン：上坊 菜々子

「電気工事、マジわからん」と思ったときに読む本

2024年 7 月25日　第1版第1刷発行
2024年10月10日　第1版第2刷発行

著　者　大 木 健 司
発 行 者　村 上 和 夫
発 行 所　株式会社 オーム社
郵便番号　101-8460
東京都千代田区神田錦町 3-1
電話　03(3233)0641(代表)
URL https://www.ohmsha.co.jp/

組版　クリィーク　　印刷・製本　壮光舎印刷
ISBN978-4-274-23221-3　Printed in Japan